LUCIEN GAUTIER

AU DELA

DU

JOURDAIN

GENÈVE

EGGIMANN & Cie

Libraires-Éditeurs.

PARIS

Librairie FISCHBACHER

33, Rue de Seine, 33.

A LA MÊME LIBRAIRIE :

Genève. — Imprimerie Rey & Malavallon, Pélisserie, 18.

AU DELA

DU

JOURDAIN

GENÈVE

IMPRIMERIE AUBERT-SCHUCHARDT

REY & MALAVALLON, Successeurs

18, Rue de la Pélisserie, 18

AU DELA

DU

JOURDAIN

SOUVENIRS D'UNE EXCURSION

FAITE EN MARS 1891

PAR

LUCIEN GAUTIER

SECONDE ÉDITION

GENÈVE

Ch. EGGIMANN & Cⁱᵉ

Libraires-Éditeurs.

PARIS

Librairie FISCHBACHER

33, Rue de Seine, 33.

1896

PRÉFACE

Ces souvenirs ont été communiqués à la Société de géographie de Genève, dans sa séance du 19 avril 1895 et publiés ensuite dans le journal que cette Société édite, le Globe (tome XXXIV, 1895). Un tirage à part de ce mémoire, accompagné de dix gravures, a été mis en vente et promptement épuisé.

La seconde édition que nous présentons aujourd'hui au lecteur n'a pas été modifiée quant au texte, à part quelques retouches de peu d'importance. En revanche, le nombre des illustrations a été considérablement augmenté.

Nous sommes redevables de la majeure partie de ces planches à M. Bonfils, photo-

graphe à Beyrouth, dont les magnifiques col-
lections ne sauraient être trop recommandées
aux archéologues et aux touristes.

Quelques-unes de nos gravures (p. 95,
115, 119 et 123) sont faites d'après des photographies du Palestine Exploration Fund.
Le comité de cette Société savante a bien
voulu m'autoriser à les reproduire : je lui en
exprime ici ma vive reconnaissance.

Deux autres vues sont dues à l'obligeance
de mon hôte de Salt, M. le pasteur Sykes
(p. 55) et de mon aimable compagnon de
voyage, M. Cooke (p. 61).

La carte qui accompagne ce volume a été
dressée principalement d'après la carte au
400,000ᵉ de M.M. l'abbé Legendre et Thuil-
lier, publiée à Paris, en 1895, chez Letou-
zey et Ané. Il a été possible de compléter et
de perfectionner ce travail au moyen de
la carte spéciale, aussi au 400,000ᵉ, que
M. Schumacher a jointe à son récit de voyage

à travers le Hauran, l'Adjloûn et la Belka, mentionné plus bas (p. 75).

Le plan de Djérach a été emprunté, avec la permission de l'éditeur, au Bædeker de Palestine et de Syrie (2de édition française, 1893).

Depuis l'apparition de notre première édition, la Zeitschrift des Deutschen Palæstina-Vereins a publié (XVIIIe année, pages 63-72) un article de M. Schumacher sur Salt, accompagné de plusieurs illustrations. Mais les travaux du même explorateur sur Djérach et Madéba (voir plus loin, pages 75 et 109) n'ont point encore paru dans cette Revue.

D'autre part, la Revue biblique internationale a fait paraître dans son numéro de juillet 1895 (IVe année, pages 374-400) un savant mémoire du R. P. Germer-Durand, sous ce titre : Exploration épigraphique de Gérasa. Le même auteur a publié dans le Cosmos *(n⁰ˢ 538-540, mai et juin 1895)* un article illustré intitulé : *Une journée à Gérach,* dont il nous a gracieusement envoyé un tirage à part *(11 pages).*

M. le professeur R. Brünnow, qui a fait, le printemps dernier, avec sa femme, un voyage autour de la mer Morte et dans la Belka, en a commencé le récit dans les Mittheilungen und Nachrichten des D. P. V. *(Iʳᵉ an-née, 1895, pages 65-73, 81-88)*; mais la portion qui traitera d'Ammân et de Salt n'a pas encore paru.

Lausanne, janvier 1896.

14

Jéricho : Fontaine du Sultan ou d'Élisée.

Lorsqu'aux environs de Jérusalem le promeneur gravit quelqu'une des éminences qui entourent la ville, ou simplement lorsqu'il parcourt le faubourg qui s'étend au nord de l'enceinte, ses yeux se portent du côté de l'orient, vers une chaîne de montagnes bleuâtres, vaporeuses, qui bordent l'horizon d'une ligne uniforme et pourtant attrayante dans sa simplicité. Ce spectacle une fois aperçu, on veut sans cesse le revoir, et je doute qu'aucun voyageur puisse l'avoir contemplé et n'avoir pas souhaité de l'admirer encore. Du haut du mont des Oliviers, tout spécialement, ce tableau se déroule aux regards avec un charme indéfinissable ; et c'est d'un accent ému, avec des inflexions et des sous-entendus pleins de séductions cachées, que l'on se redit à soi-même les syllabes de ce nom devenu cher à la mémoire : les monts de Moab !

C'est en effet par cette appellation qu'à l'heure présente on désigne communément le territoire situé au delà du Jourdain, et qui, au cours des siècles, a porté des dénominations variées. Et ce n'est pas seulement comme paysage à regarder de loin que cette région exerce un attrait irrésistible. Il semble qu'elle appelle le voyageur, qu'elle sollicite sa visite, et lui suggère l'envie d'aller chevaucher sur ses versants moins dénudés que ceux de la Judée.

Durant toute la saison d'hiver que nous avons passée à Jérusalem (1893-94), j'avais caressé cette perspective, non point, il est vrai, dans la pensée de faire au delà du Jourdain un voyage d'exploration prolongé et méthodique. Mais du moins je souhaitais de parcourir rapidement ces collines et ces vallées, et de visiter les quelques sites célèbres à divers titres qui s'imposent à l'attention et à l'admiration des voyageurs. Pour cette expédition, fixée au mois de mars, il était désirable que je pusse trouver un compagnon de voyage; mais pendant bien des semaines, mes recherches furent infructueuses, et mes efforts échouaient au moment où je croyais qu'ils allaient être couronnés de succès. Un instant, je crus avoir trouvé mon homme. Et quelle trouvaille que celle-là : il ne s'agissait de nul autre que du docteur Bliss, l'habile et sympathique « fouilleur » de Tell el-Hésy (l'antique Lakisch), celui-là même qui actuellement dirige les travaux d'investigation que le Palestine Exploration Fund poursuit à Jérusalem, au sud de la ville, à partir des cimetières chrétiens et de la mosquée de Nébi-Daoud (le « Cénacle »), et jusqu'en face de Siloé. Malheureusement, retenu à Jérusalem par la perspective quotidienne (et chaque jour déçue) de voir arriver le firman impérial qui devait l'autoriser à commencer ses fouilles, M. Bliss fut empêché de m'accompagner. Et je venais de me résoudre à partir seul avec mon fidèle drogman Francis Karam, lorsque, grâce au docteur Bliss, j'eus le plaisir d'être mis en rapports avec un jeune *fellow* de l'Université d'Oxford, M. George-Albert Cooke, hébraïsant comme moi, et comme moi désireux de franchir le Jourdain et d'aller visiter les ruines de Djérach et d'Ammân. Nous fûmes vite d'accord, et le vendredi 9 mars nous descendions ensemble la route qui conduit de Jérusalem à Jéricho.

Je n'essaierai naturellement pas de décrire ce trajet, si souvent dépeint dans les annales des voyageurs et des pèlerins, et que j'avais du reste déjà parcouru antérieurement. Qu'il me suffise de dire que nous fûmes salués, au sortir du Khân Hadrour (l'auberge traditionnelle du Bon Samaritain), par un violent coup de vent accompagné d'averses abondantes, et que nous fûmes heureux de pouvoir nous abriter, à la fin de l'après-midi, dans l'excellent hôtel du Jourdain à Jéricho. Nous y fûmes bientôt rejoints par le Rév. J.-L. Hall, de Jérusalem, avec lequel nous devions poursuivre le lendemain notre course dans la direction de l'est.

Samedi, 10 mars.

J'avoue volontiers que je n'étais pas sans appré-
hensions au sujet du temps. Nous n'étions point
encore sortis de la saison pluvieuse, et nous risquions
fort, en conséquence, d'être copieusement arrosés,
ou même, ce qui eût été bien pis, d'être arrêtés dans
notre voyage par des chemins complètement défon-
cés, peut-être aussi, qui sait? par une crue excep-

tionnelle du Zerka (Jabbok) que nous n'aurions pas pu franchir à gué. Certains connaisseurs émérites de la Palestine actuelle, dont j'avais pu au cours de l'hiver recueillir les impressions et enregistrer les témoignages, m'avaient mis en garde contre ces fâcheuses éventualités.

Et à vrai dire, le début de notre seconde journée de marche n'était pas fait pour nous encourager beaucoup. Il est vrai qu'il ne pleuvait plus, mais le ciel demeurait chargé de nuages menaçants, et le sol de la vallée du Jourdain, détrempé à fond, nous forçait de ralentir notre marche. Bientôt, une de nos montures glisse sur le sol humide et vaseux, et tombe, sans causer du reste aucun accident. Un peu plus loin, des indigènes, que nous rencontrons tandis qu'ils font paître leurs bestiaux, nous avertissent qu'il est inutile de persévérer dans la direction que nous suivons : à cause des pluies, il est impossible de songer à gagner le pont du Jourdain par la route habituelle, la plus directe. Nous devons nous résigner à faire un détour et, grâce à ces circonstances, nous arrivons au bord de la rivière au bout de deux heu-

Le pont du Jourdain.

res et quart seulement, tandis qu'en temps ordinaire,
comme nous l'avons expérimenté la semaine sui-
vante, une heure et demie suffit amplement pour
effectuer ce trajet.

Le pont du Jourdain, appelé Djisr el-Ghôranieh,
est une construction en poutres, qui, sauf la diffé-
rence des matériaux employés, n'est pas sans présenter à l'œil une certaine analogie avec les ponts
métalliques qui servent au passage des trains de
chemins de fer, ou bien encore avec certains ponts
couverts, en bois, de la Suisse allemande. Ce pont
est fermé, à son extrémité occidentale, par une porte
solide, dont la clef est entre les mains d'un gardien,
algérien d'origine et qui sait quelques mots de français, en sorte que le voyageur a la surprise de s'entendre apostropher : « Bonjour, Monsieur ! » Ce
personnage, qui est un Hadji, un ancien pèlerin de
la Mecque, habite avec quelques compagnons dans
des huttes en roseaux dressées sur la rive droite. Le
passage du pont se paie en vertu d'un tarif, tant par
homme, tant par cheval, tant par bête de somme
chargée ou non chargée, tant par tête de gros ou

menú bétail. Aussi les indigènes cherchent-ils à éviter le pont et passent-ils la rivière à gué, eux et leurs bestiaux, toutes les fois que le niveau de l'eau leur permet de le faire, ou bien encore ils cherchent par divers procédés à diminuer la somme, bien minime pourtant, qu'ils doivent payer pour le passage du pont [1].

Nous traversons la rivière; les planches du tablier résonnent sous les pas des chevaux, et nous voici sur l'autre rive, nous voici « au delà du Jourdain. » Nous longeons pendant quelque temps le bord de l'eau, au milieu de l'épaisse végétation qui recouvre tout. Arbres, broussailles, roseaux, tout foisonne ici et le sentier que nous suivons doit faire maints et maints détours. Nous traversons un affluent du Jourdain, qui descend du Ouadi Nimrîn, puis nous prenons à droite, tournant le dos à la rivière et chemi-

[1] Les bêtes sans charge payant moins que les bêtes chargées, on prétend que lorsqu'un Arabe arrive au Jourdain avec deux ânes chargés, il place provisoirement, pour traverser le pont, les deux charges sur une même bête, laisse l'autre cheminer à vide, paie de ce fait un péage réduit, et puis, arrivé à l'autre rive, rétablit les deux charges sur leurs porteurs respectifs et se félicite de l'économie réalisée.

nant vers l'est. Devant nous, s'étend, sur une largeur
d'une lieue et demie ou deux lieues, la moitié orientale de la plaine du Ghôr, et nous apercevons à
distance sur notre droite, près du pied des montagnes, un campement considérable de bédouins. C'est
là, dans cet amas de tentes noires, que réside pour
le moment le cheikh suprême de la forte et populeuse tribu des Adwân, Ali Diâb, avec lequel nous
ferons plus ample connaissance quelques jours plus
tard. Pour cette fois, nous laissons ces tentes assez
loin sur notre droite, et nous nous avançons vers le
nord-est. Notre but est d'atteindre aujourd'hui la
petite ville de Salt. Pour y arriver, le plus naturel,
mais aussi le plus long, serait de remonter la vallée
appelée Ouadi Schaïb[1], qui passe à Salt même et
finit par aboutir au Jourdain. Mais cette vallée fait
un si grand circuit à l'est que nous perdrions notre
temps à la suivre; mieux vaut couper directement à
travers la montagne, en suivant du reste un chemin
très bien tracé. Nous avons pour guide un indi-

---

[1] Le Ouadi Schaïb, arrivé dans le Ghôr, se prolonge dans le Ouadi
Nimrin, susmentionné.

gène de Salt, nommé Eyyoûb, qui est venu à Jérusalem chercher M. Hall, et qui nous conduit par
la même occasion. Nous passons auprès d'un puits,
appelé Bir Aïreh, et après avoir eu dans l'après-midi,
à plusieurs reprises, à essuyer des averses, heureusement assez bénignes, nous arrivons enfin à quatre
heures et demie à Salt.

La région au milieu de laquelle Salt est située est
presque entièrement dépourvue d'habitations humaines stables, villes ou villages; seuls les bédouins y
vivent, transportant de lieu en lieu leurs campe-
ments de nomades. Il est d'autant plus intéressant
de trouver au centre de cette région inhabitée et
inculte, une ville d'environ 10 à 12,000 habitants et
dont les alentours sont cultivés : des champs labou-
rés, des vignes aussi entourent Salt, et les raisins
secs de l'endroit ont une réputation qui s'étend dans
toute la Palestine. La position dans laquelle Salt est
construite explique d'emblée qu'on ait eu l'idée de
bâtir une ville en ce lieu. Le Ouadi Schaïb décrit en
effet un contour, et forme pour ainsi dire une anse
autour d'un contrefort élevé, et précisément au sud

Salt.

2

de cette colline un vallon latéral vient rejoindre la vallée principale. L'accès de ce monticule isolé n'est ouvert que d'un seul côté, à savoir vers l'ouest, et encore ce passage constitue-t-il une dépression, en sorte que le sommet de la ville forte domine de toutes parts les environs. Ce sommet, il est vrai, est actuellement désert : il n'y reste plus que les ruines d'une citadelle ou château-fort du moyen âge, construit par les musulmans ou peut-être par les croisés, et détruit seulement au cours du XIXe siècle. Mais les pentes de cette colline sont couvertes de maisons qui s'étagent sur ses versants escarpés. La mosquée avec son minaret est bâtie au fond même du vallon latéral susmentionné; plus bas se trouve le sérail, le couvent latin avec son église, et plus bas encore l'église grecque. En effet, outre sa population musulmane, Salt compte environ 2000 à 3000 chrétiens, en majorité grecs, mais avec une communauté latine de plusieurs centaines de membres, et une congrégation protestante d'environ 300 âmes, à la tête de laquelle se trouve le pasteur Henry Sykes, de Cambridge, qui nous attendait et chez

lequel nous avons joui de la plus cordiale hospitalité. La maison qu'il habite est située sur le versant
abrupt de la colline du château, à côté de la mosquée, dans la cour de laquelle le regard plonge du
haut du balcon du presbytère. La cuisine et le bû-
cher — détail caractéristique — sont des cavernes
creusées dans le flanc du rocher, derrière la maison,
et le cheval de M. Sykes a également pour écurie
une grotte analogue.

Au-dessous du presbytère se trouvent la chapelle
et les bâtiments d'écoles. Outre ces institutions, la
communauté protestante de Salt, qui n'existe que
depuis une trentaine d'années, et qui a été fondée
par l'évêque Gobat, possède encore une infirmerie
à la tête de laquelle se trouve un médecin syrien,
gradué du collège américain de Beyrouth, et assisté
d'un pharmacien.

D'où vient le nom de Salt et quelle est l'histoire
de cette cité? Il est probable que l'origine de son
nom actuel doit être cherchée tout simplement dans
le mot latin Saltus, forêt, dénomination qui lui fut
appliquée depuis l'ère chrétienne, sous la domination romaine, et qu'elle a conservée dès lors.

Mais existait-elle auparavant ?

La chose est vraisemblable. Il est à présumer que, dans cette région si pauvre en localités habitées, une position aussi forte naturellement que celle de Salt n'est pas demeurée sans occupants jusqu'à une époque relativement récente.

Toutefois, aucune preuve décisive ne peut être donnée pour identifier Salt avec l'une ou l'autre des villes mentionnées dans les récits bibliques comme s'élevant dans la région transjordane. La tradition veut y voir la célèbre cité de Ramoth en Galaad, si fréquemment mentionnée dans l'Ancien Testament, l'une des six villes de refuge, et l'éternelle pomme de discorde entre le royaume de Samarie et celui de Damas, au temps de la dynastie des Omrides. Cette hypothèse ne peut du reste s'appuyer sur aucun fait précis, mais seulement sur le raisonnement suivant : Ramoth doit avoir été une ville marquante ; aucune autre localité moderne ne possède, dans les parages en question, autant d'importance que Salt, donc identifions Ramoth et Salt ! Cette argumentation est loin d'être décisive, on peut y opposer des

objections sérieuses. Faisons observer d'abord que
d'autres villes ayant joué un rôle considérable dans
l'antiquité ont disparu d'une façon complète et irré-
vocable, par exemple la cité philistine de Gath.
Puis remarquons que d'après 1 Rois IV, 13, Ramoth
semble devoir être cherché beaucoup plus au nord,
puisque cette ville était le siège du gouverneur qui,
au temps de Salomon, était préposé aux bourgs de
Jaïr et au pays de Basan. Enfin relevons le fait que
l'emploi des chariots de guerre est mentionné à
plusieurs reprises comme caractérisant les opérations
militaires autour de Ramoth : or un simple coup
d'œil sur Salt et ses environs immédiats montre que
de semblables véhicules seraient absolument impos-
sibles à utiliser dans cette région. Les vraisemblan-
ces sont donc contre l'identification de Salt avec
Ramoth.

Salt est actuellement le siège d'un kaïmakâm
(gouverneur ou préfet), dont la juridiction s'étend
du Jabbok à l'Arnon, sur la région autrefois appelée
territoire de Gad et de Ruben, et maintenant dési-
gnée sous le nom de *Belka*.

J'ai eu l'honneur de rendre visite à ce haut personnage, le lendemain de mon arrivée à Salt, et de
lui présenter la lettre de recommandation que
m'avait obligeamment remise pour lui le gouverneur
de Jérusalem, Ibrahim Pacha. Le kaïmakâm de Salt
voulut bien à son tour me donner une lettre que je

sollicitais pour le moudîr de Djérach, et il insista
pour m'en remettre également une à destination du
moudîr de Madéba. Tandis que son secrétaire les
rédigeait, nous étions assis dans le divan ou salle
d'audience du gouverneur, au sérail.

Comme nous nous trouvions en plein Ramadan,
les cigarettes et le café traditionnels faisaient naturellement défaut, et la conversation allait son train,
un peu languissante toutefois, et se tenant forcément
dans les lieux communs [1]. J'ajoute volontiers que le
gouverneur nous offrit des soldats de cavalerie pour
nous accompagner, non pas il est vrai à Djérach,
situé en dehors de sa province, mais à Ammân par
exemple ou plus au sud, offre que nous dûmes décliner avec remercîments, puisque notre prochaine
étape devait être Djérach. Mais je suis heureux de
dire à ce propos qu'à Salt, comme toutes les autres
fois que j'ai eu affaire à des fonctionnaires turcs

[1] Comme petit trait de mœurs, je me permets de signaler la dextérité avec laquelle, au cours de notre entretien, le gouverneur sut
ramener sous lui, sur sa chaise, l'une de ses jambes, puis l'autre, sans
que son équilibre fût le moins du monde ébranlé par cette opération,
effectuée avec autant d'aisance que s'il s'était tout bonnement agi de
croiser les bras.

d'un rang supérieur, je n'ai eu qu'à me louer de leur courtoisie à l'égard des étrangers.

Je n'ai pas à décrire ici les deux cultes auxquels j'ai assisté à Salt dans la journée du 11 mars, dans la chapelle protestante; je me contenterai d'indiquer avec quel intérêt je les ai suivis, en particulier le service catéchétique de l'après-midi, dans lequel adultes et jeunes garçons, interrogés à tour de rôle, répondaient avec une promptitude et une lucidité qui auraient fait honneur à une congrégation vêtue d'un costume tout autre que celui de ces braves Arabes.

La journée se termina par une promenade au vieux château ruiné, d'où nous vîmes le soleil se coucher, et par une agréable causerie du soir dans le cabinet de travail de M. Sykes, au milieu de sa belle collection de livres, chose à coup sûr rare dans ces parages, pour ne pas dire unique en son genre. Nous écoutions avec le plus vif intérêt les récits que nous faisaient soit notre hôte, soit M. Hall, tous deux familiarisés, par une expérience déjà longue, avec les « choses de Palestine. »

————+×+————

Lundi, 12 mars.

Le temps, sans être encore devenu merveilleux, s'était cependant amélioré dans la journée du dimanche et nous avions bon espoir pour le lendemain. Et en effet, quand de bonne heure le lundi matin nous nous élançons sur le balcon du presbytère, nous apercevons à notre grande joie un ciel absolument pur, et la perspective délectable d'une belle journée nous apparaît comme à peu près assurée. Tant mieux, car il s'agit aujourd'hui de faire une journée d'environ neuf heures de cheval et de gagner Djérach. Nous prenons congé avec force remercîments très sentis de notre excellent amphitryon

M. Sykes, ainsi que de M. Hall qui reste avec lui à Salt, et nous nous ébranlons, dans la clarté naissante du jour, le cœur joyeux à la pensée que la partie essentielle de notre excursion s'annonce sous les plus heureux auspices. Ajoutons tout de suite, pour n'avoir plus à y revenir, que dès ce moment nous avons été favorisés d'un temps superbe, qui ne s'est pas démenti un seul instant jusqu'à notre rentrée à Jérusalem.

A la tête de notre petite troupe s'avance, sur son mulet, notre nouveau guide, Afnân, l'un des paroissiens de M. Sykes, un vigoureux paysan d'une cinquantaine d'années, avec lequel nous nous étions entendus la veille. Il doit nous accompagner, ou plutôt nous précéder, durant tout le reste de notre voyage, et je m'empresse de dire dès maintenant que nous avons été parfaitement satisfaits de lui et de ses services, en sorte que je puis, en bonne conscience, le recommander, cas échéant, à quiconque voudrait, en partant de Salt, entreprendre une course analogue à celle que nous avons faite.

Au sortir de Salt, la route monte au nord, le long

d'une pente escarpée. Après une demi-heure, il faut quitter le chemin qui conduit dans l'Adjloûn, ou bien, en traversant le Jourdain, à Naplouse. La ligne du télégraphe se dirige du même côté : en effet, il y a un bureau télégraphique à Salt, mais un bureau non international, c'est-à-dire limité à l'emploi des langues du pays, l'arabe et le turc.

Pour nous, nous prenons à droite. Nous avons en face de nous, au nord, le Djébel Oschâ, montagne au sommet de laquelle on jouit, dit-on, d'une vue remarquable (et je le crois sans peine). C'est là que la tradition musulmane place le tombeau du prophète Osée. Un peu plus haut, une heure après notre départ de Salt, le spectacle qui s'offre à nos yeux devient encore plus imposant et plus étendu : c'est tout le district de l'Adjloûn, borné au nord par le Yarmouk et au sud par le Jabbok[1]. Les contours d'un vieux château, Kalat er-Rabad, se dessinent à grande distance, et, bien plus loin encore, à l'horizon brumeux, apparaissent les montagnes des Druses

[1] Le nom moderne du Jabbok est Zerka (rivière bleue).

et la vague silhouette d'une autre citadelle ruinée, Kalat es-Salhad.

Nous descendons ensuite graduellement et nous nous trouvons bientôt dans un site admirable : des arbres en grand nombre, des chênes verts d'une belle venue nous environnent et s'étagent sur les deux flancs d'une vallée dont nous suivons la pente doucement inclinée.

A 9 heures 50, trois heures par conséquent après avoir quitté Salt, nous traversons une petite localité, nommée Remémin, qui offre cette particularité d'être exclusivement peuplée de chrétiens. A droite, sur une sorte de petit plateau, se trouvent les maisonnettes du village, assez chétives, mais toutes de construction récente. A gauche du chemin, nous apercevons, placée un peu à l'écart, la petite église avec l'habitation du prêtre latin qui se promène, solitaire, aux abords de son modeste sanctuaire. Nous nous arrêterions volontiers quelques instants, mais nous avons une longue étape à fournir, car nous n'avons fait encore que le tiers du chemin que nous devons parcourir aujourd'hui.

Au sortir de Remémîn, nous avons à descendre
dans un ouadi, où coule un beau ruisseau. Ayant
mis pied à terre quelques instants pour faire ainsi
plus commodément une descente très rapide, je me
vois forcé de me remettre en selle pour traverser le
cours d'eau. En ce moment nous rencontrons un
voyageur : c'est un Arabe, accompagné d'un petit
garçon et menant un âne avec lui. Il porte un
costume européen, du moins en partie, et ne présente aucune analogie avec les habitants accoutumés
de ces parages. Je m'arrête à le questionner : c'est
un chrétien indigène, natif de Naplouse; il parcourt
la région située à l'orient du Jourdain, occupé à vac-
ciner les populations. Je ne sais s'il trouve parmi
les bédouins une clientèle bien nombreuse et bien
rémunératrice, mais son dessein n'en est pas moins
louable, et il mérite de faire de bonnes affaires. La
petite vérole sévit en effet parfois parmi les tribus
de bédouins, et certains voyageurs en parlent dans
leurs récits [1].

[1] Voir par exemple *Selah Merrill*, East of the Jordan (Londres
1881), page 402.

Après ce premier ouadi, qui demeure pour nous
le ouadi de la vaccine, mais dont le vrai nom est
Ouadi Remémîn, nous avons bientôt à en traverser
un second également arrosé et qui présente un phé-
nomène d'une grande beauté et d'une non moins
grande rareté en ce pays, nous voulons dire une
cascade. Ce n'est pas, il est vrai, une chute d'eau
abondante, comparable aux belles cascades que nous
avons dans nos Alpes, mais c'est pourtant un spectacle qui réjouit les yeux. Le ruisseau, arrivé au sommet d'une espèce de falaise demi-circulaire, tombe
à une grande profondeur dans un bassin qu'il s'est
creusé. Un peu plus haut sont les ruines d'un vieux
moulin, et sur la crête d'une paroi rocheuse à pic,
qui nous domine à l'est, un bédouin, immobile et
silencieux comme une statue de bronze, nous sur-
veille du regard sans en avoir l'air. Plus haut, sur un
versant gazonné de la montagne, se détachent quelques tentes noirâtres; mais ni troupeaux ni bergers
n'apparaissent aux alentours.

Le terrain devient peu à peu moins accidenté, les
pentes s'atténuent, les traces de culture reparais-

sent, et, chose extraordinaire, sur le chemin, mieux tracé et moins inégal, que nous suivons, voici des traces de roues! Des chariots ont passé par là. Bientôt un village se montre devant nous sur la gauche, et nous en approchons à grands pas. Mais quelle forme singulière revêtent ces habitations! la paille et les roseaux jouent un rôle imprévu dans leur structure, et quand nous arrivons à proximité nous discernons aussi le costume spécial que portent ces villageois. A coup sûr ce ne sont pas des Arabes; ni leur architecture ni leurs vêtements ne permettent de les supposer tels.

En effet, ce sont des Turcomans. Musulmans zélés, issus d'une province lointaine, ils ont, par attachement pour l'Islam, quitté leur patrie, pour échapper à l'invasion de la Russie et par conséquent à la domination abhorrée d'un monarque chrétien. Ils se sont adressés au sultan pour obtenir une concession de terres, et ils ont reçu comme lot ce district où nous les trouvons. Il n'y a guère que trois ans, nous dit-on, qu'ils ont fondé cet établissement, appelé Roummân, mais déjà ils ont réussi à donner aux champs avoisinants une culture plus productive, et l'on peut supposer qu'entre leurs mains ce territoire ne sera point mal partagé. Malgré leur fanatisme religieux, ils ne se montrent pas moins polis et prévenants sur notre passage, et nous apportent, pour nous offrir de les acheter, quelques antiquités, parmi lesquelles se trouve telle pièce de monnaie européenne moderne, égarée par je ne sais quelle aventure dans ces lieux écartés.

Midi vient de sonner (figurément parlant, car aucune horloge ne décore les huttes de Roummân), et le moment de prendre un peu de repos semblerait venu; mais d'un accord tacite nous avons résolu de marcher jusqu'au Jabbok, et pendant deux heures encore nous poursuivons notre marche. Il est vrai que la beauté du paysage vient sans cesse délasser nos regards et nous faire oublier la fatigue. Devant nous, c'est la vallée du Jabbok, tantôt encaissée, avec des gorges profondes, tantôt élargie, avec des contours sinueux et des rives couvertes d'une végétation luxuriante. Par delà, au nord, ce sont les collines et les vallées de l'Adjloûn, et enfin, dans l'un de ces vallons en face de nous, voici, se profilant nettement au soleil, les hautes colonnades de Djérach. Cette vue nous électrise, car elle nous révèle déjà comme un avant-goût des jouissances que nous réserve la soirée, ainsi que toute la journée du lendemain.

Enfin, après avoir côtoyé encore maints contre-forts de la montagne et passé près des ruines d'un ancien moulin, nous arrivons par un sentier extrê-mement rapide dans la verte prairie qui s'étend immédiatement au bord de la rivière. Nous som-mes à environ 230 ou 240 mètres au-dessus du niveau de la mer, 600 mètres plus bas que Salt [1].

Et nous sommes au bord du Jabbok! Ces eaux légèrement limoneuses, mais fraîches et agréables à voir, ce sont les eaux du Jabbok; ce gué, que tout à l'heure nos chevaux vont nous faire franchir, c'est le gué du Jabbok. Il faut un effort, et quelques mo-ments de réflexion et de contemplation, pour bien réaliser que nous sommes là, dans ces parages aux-

[1] Jérusalem est à + 770ᵐ; Jéricho à — 270ᵐ; la mer Morte à — 394ᵐ; Salt à + 835ᵐ; Djérach à + 536ᵐ; Ammân à + 837ᵐ; Arak el-Amir à + 446ᵐ.

quels les vieux récits de la Genèse [1] et du livre des
Juges [2] donnent un parfum d'antiquité et qu'ils revêtent d'un charme mystérieux. Le Jabbok! c'est plus
étrange encore que le Jourdain; si c'est moins im-
portant, c'est plus lointain, plus rare. Quels doux
moments que cette heure passée au bord de la
rivière, à jouir d'un repos bien gagné par sept heures de cheval, et à faire honneur aux provisions de
voyage. De beaux buissons entourent le lit du Jabbok, sur l'une et sur l'autre de ses rives; mais par des
baies entre les broussailles on arrive aisément au
bord de l'eau. C'eût été le cas de s'y plonger, et
je regrette de ne l'avoir pas fait. Mais la pensée
m'en est venue trop tard, alors qu'un impérieux
appétit nous avait déjà fait entamer le sac aux
vivres, et le bain dut être abandonné.

J'avoue que d'avance je m'étais représenté la vallée du Jabbok beaucoup plus resserrée, plus sauvage,
bien moins riante et agreste que je ne la trouve en

[1] Gen. XXXII, 22-32.
[2] Juges VIII, 4-17; XI, 12-28; comp. Nombr. XXI, 24; Deut. I',
37: III, 16; Josué XII, 2.

réalité. Je crois bien que, plus bas, le ravin devient plus étroit, l'eau prend un cours plus impétueux, et peut-être en est-il de même en amont ? Mais en attendant nous jouissons pleinement du tableau doux et paisible qui se déroule devant nos yeux, et le souvenir de cette halte au bord du Jabbok demeure dans ma mémoire comme celui d'une heure exceptionnellement belle et réconfortante.

D'ailleurs nous n'avons presque plus de fatigues en perspective pour aujourd'hui. Encore deux heures de marche environ et nous atteindrons notre destination. Vers trois heures, nous nous remettons en route et commençons par passer le gué; nos chevaux ont de l'eau à mi-jambe[1]. Puis commence aussitôt, sur la rive septentrionale, une grimpée très raide sur un sentier abrupt; nous n'allons pas rechercher sur la droite, l'embouchure du Ouadi Djérach, ce qui nous ferait faire un inutile détour du côté de l'est; nous suivons un chemin qui monte directement au-dessus du gué, et bientôt nous jouissons, en

[1] La largeur du Zerka en cet endroit est d'environ 8-10 mètres.

nous retournant, d'un spectacle aussi beau que celui
que nous avions devant nous en descendant de
Roummân : la vallée du Jabbok se déroule toujours
à nos yeux, mais à présent c'est son versant méri-
dional qui nous apparaît.

Une heure, une heure et quart s'écoule, et voici
que, par intervalles, au bord du sentier, commen-
cent à se montrer des vestiges d'antiquités, des
colonnes gisant dans l'herbe, des degrés taillés
dans le roc, des blocs façonnés par la main de
l'homme; nous ouvrons les yeux, nous épions à
gauche et à droite, nous recueillons ainsi les symp-
tômes précurseurs de notre arrivée dans un vaste
champ d'admirables ruines. Enfin, un coude du
chemin nous met en face de la partie méridionale
de la ville de Djérach, et nous apercevons tout
d'abord devant nous la grande porte triomphale à
trois arches, l'arche du milieu beaucoup plus haute
que les deux ouvertures latérales. Le chemin, qui
jadis passait sous la voûte, s'écarte maintenant à
droite, non point par respect, mais par nécessité,
de nombreux blocs écroulés barrant l'entrée princi-

Djérach : Porte triomphale, côté extérieur.

pale. Nous voici donc sur le sol même de l'ancienne cité. Nous distinguons à notre gauche les
ruines que demain nous viendrons visiter en détail;
mais, pour aujourd'hui, il faut aller au plus pressé
et arriver à la maison du moudir, ou sous-préfet
de l'endroit, pour lequel nous sommes porteurs d'une
lettre de recommandation. Nous gagnons bientôt
le bord du cours d'eau qui traverse la ville et qui
partageait l'ancienne enceinte en deux moitiés à
peu près égales. Nous passons de la rive droite sur
la rive gauche, sans toutefois nous servir d'un pont.
Le pont existe bien, ou plutôt il existait; il subsiste
même encore à l'état de ruine imposante, mais il est
devenu tout à fait impraticable. Force nous est de
traverser l'eau courante à gué, et de gagner ainsi le
côté actuellement habité de la vallée. Là, en effet,
s'élèvent les maisons des habitants actuels de Djérach. Ils sont au nombre d'environ 3000, et leur
établissement en ce lieu date d'une vingtaine d'années. Leur histoire est analogue à celle des colons
de Roummân; seulement, au lieu de Turcomans, ce
sont des Tcherkesses. Eux aussi ont émigré, eux

aussi sont venus de fort loin pour demeurer fidèles
à leur foi, eux aussi ont obtenu du sultan un apa-
nage dans le pays des bédouins. Au début, ils se
sont casés, que bien que mal, dans les ruines de
l'ancienne Gérasa. Plus tard, ils se sont construit
des maisons, dont le style diffère notablement de
celles qu'habitent les Arabes, à Salt par exemple,
sans être non plus identiques à celles des Turcomans de Roummân. Comme matériaux, hélas! ils
ont employé les pierres des édifices antiques, et
leurs mains intéressées ont poursuivi l'œuvre des-
tructrice commencée par les anciens conquérants et
par les tremblements de terre, continuée par la
griffe du temps. Dans les parois de leurs demeures,
nous retrouvons encastrées, parfois la tête en bas,
des pierres portant des inscriptions grecques [1].

C'est le moment de sortir la lettre du kaïmakâm
de Salt. Elle est reçue avec déférence, mais non
décachetée; en effet, son destinataire, le moudîr Ha-
mid-Beg, est absent. Il est allé percevoir les contri-

[1] Ainsi dans le mur de la maison même du moudir, ces lettres
Α..ΑΘΗΤΥ..ΑΣΙΩ...

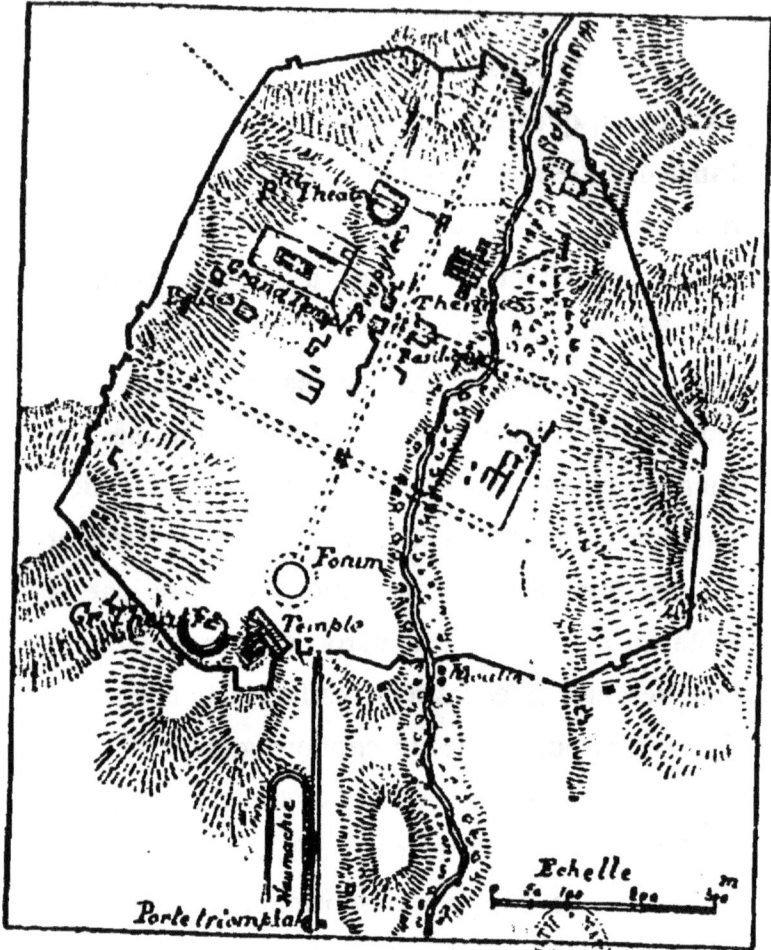

Dr. Théât.

Grand Temple

Dr. Thermes

Basilique

Forum

G. Théâtre

Temple

Naumachie

Porte triomphale

Echelle

Djérach.

butions des chefs bédouins du voisinage, et campe probablement à l'heure qu'il est sous la tente des Beni-Hassan. A défaut de ce personnage, son domestique, qui est en même temps son parent, et son jeune fils, Schaubak-Beg, un petit bonhomme à la mine éveillée, nous accueillent hospitalièrement et nous introduisent dans la *Médâfeh*, c'est-à-dire dans la maison destinée aux hôtes de passage. La recommandation du gouverneur de Salt a donc produit son effet.

La *Médâfeh* se divise en deux pièces fermées, séparées par une sorte de halle ouverte. Cette dernière servira d'abri à notre moukre Ali et à notre guide Afnân. Quant à nous-mêmes, avec Karam, on nous met en possession de la chambre d'honneur, avec son divan rembourré en noyaux de pêches et ses tapis. Le tout du reste est d'une propreté suffisante et je me plais à le constater. A ce point de vue, la pièce qu'on nous assigne contraste d'une façon frappante avec l'autre chambre de la maison, celle qui est située dans l'autre aile et qui est destinée aux voyageurs indigènes. Nous avons passé deux

nuits dans la chambre hospitalière du moudìr de
Djérach, et la seconde nuit surtout, où j'ai pris le
sage parti de coucher par terre, au lieu de me mar-
tyriser sur les prétendus coussins du divan, m'a
laissé d'excellents souvenirs de repos et de sommeil.
Un autre souvenir, c'est celui du grand samovar
qu'on nous apporte pour préparer notre thé. Si les
Circassiens de Djérach n'aiment pas le czar de toutes les Russies, en revanche le thé à la russe et le
samovar en métal jaune leur sont familiers et leur
paraissent indispensables. Ils en ont importé l'usage
dans ces régions transjordanes où jusqu'alors, en
fait de boisson chaude, le café noir, préparé à l'arabe,
avait seul régné sans doute.

La soirée est magnifique. Mais, comme il est
passé 5 heures au moment où nous descendons de
cheval et qu'il nous faut un certain temps pour
procéder à notre installation, la nuit vient, et nous
ne pouvons songer à entreprendre la moindre promenade du soir dans la direction des ruines. Ce sera
pour le lendemain matin. Du reste, de la petite esplanade sur laquelle s'élève la maison du moudìr,

Djerach : Vue générale prise de l'ouest.

la vue s'étend sur la vallée, et c'est un spectacle solennel que celui que nous contemplons ce soir-là :
une petite bourgade, toute moderne, peuplée d'habitants venus de fort loin, retenant leurs mœurs et
leur costume national, et cela sur l'emplacement
d'une cité gréco-romaine, dont les restes grandioses
rendent encore témoignage de sa splendeur passée.

Si l'on feuillette un dictionnaire de géographie et
d'histoire, on y trouvera ceci à peu près : « Gérasa,
ancienne ville de la Décapole de Palestine, dans la
demi-tribu orientale de Manassé. Aujourd'hui Djérach. Belles ruines. » Et c'est tout! deux lignes, alors
qu'il n'est pas de sous-préfecture qui ne puisse être
assurée d'occuper plus de place dans ces mêmes
colonnes [1]. Etrange destinée! Jadis il y a eu ici une
grande ville, populeuse, riche, influente. Ses dimen-
sions, ses monuments, ses inscriptions, son forum,

---

[1] Si l'identification de Djérach avec Ramoth, défendue par M. Merrill (ouvr. cité, pages 284-290), pouvait être démontrée comme certaine ou simplement comme probable, du coup Djérach acquerrait
un passé, une histoire. Il en serait de même si Djérach était l'ancienne Mahanaïm (Gen. XXXII, 2; 2 Sam. II, 8, 12, 29; XVII, 24,
27; etc.), opinion que le R. P. Germer-Durand considère comme
« ne manquant pas de vraisemblance. » (Art. cité du *Cosmos*, p. 4.)

ses portiques, ses théâtres, ses temples, ses thermes,
ses multiples colonnades, tout cela rend témoignage
de sa grandeur. Qu'en reste-t-il dans les annales de
l'humanité? une mention, en quelques mots. Pour
le voyageur, c'est une véritable révélation.

Mardi, 13 mars.

Cette journée contraste d'une manière frappante
avec les autres journées de notre voyage. Nous ne
nous mettons point en selle, nos chevaux chôment
et jouissent de leur repos. Et pourtant, pour nous,
c'est aussi une journée de fatigue et de travail; nous
la passons tout entière dans les ruines, escaladant
les pans de murs, copiant et tâchant de déchiffrer

les inscriptions grecques, transportés d'une admiration toujours croissante au milieu de toutes ces merveilles de l'architecture antique. Il serait impossible d'entreprendre ici une description détaillée ou quelque peu technique des ruines grandioses de Djérach. Je me contenterai d'en donner un aperçu général.

Nous avons déjà mentionné, au sud de la ville, la grande porte triomphale. Nous en donnons deux vues, l'une prise de l'extérieur, l'autre de l'intérieur (pages 47 et 61). Au moment où M. Cooke a pris ce dernier cliché, notre brave Afnân s'était perché, fort adroitement, au sommet un peu vertigineux de l'arche médiane. Quand il redescendit et découvrit que la photographie avait été prise tandis qu'il occupait cette position élevée, sa joie fut grande, et il nous arracha la promesse de ne pas manquer de dire, en Europe, en exhibant cette vue : « C'est Afnân qui est là-haut. » — Je tiens parole.

Tout près de la porte, se trouve un immense bassin, rectangulaire, mais un peu arrondi à ses quatre extrémités, et entouré d'un talus en gradins.

Djérach : Porte triomphale, côté intérieur.

C'est un amphithéâtre, mais un amphithéâtre aqua-
tique, avec les restes encore très visibles d'une cana-
lisation qui y amenait les eaux du Ouadi Djérach :
il servait aux naumachies, les galères s'y livraient des
combats aux applaudissements des spectateurs, ravis
de goûter un plaisir si rare, si invraisemblable à une
telle distance de toute mer.

Si de la grande porte nous remontons vers le
nord, nous trouvons bientôt sur la gauche un temple dont les murailles, avec leurs niches, sont admirablement conservées. Quant aux énormes colonnes
qui l'entouraient, elles sont presque toutes tombées
à terre, et leurs débris colossaux jonchent le sol aux
alentours. Aucun indice ne permet de déterminer la
divinité à laquelle fut consacré ce sanctuaire; faute
de tout renseignement, on se résigne à l'appeler
prosaïquement le temple du sud. Tout à côté, se
trouve le grand théâtre de Djérach, avec ses gradins
en hémicycle, ainsi que sa scène, dont les colonnes
sont encore partiellement debout [1]. Nous avons fait

[1] Ces deux édifices, le temple du sud et le grand théâtre, sont
visibles sur la planche de la page 55, et sur une plus grande échelle
sur la planche de la page 65.

dans ce théâtre une expérience destinée à constater
ses mérites au point de vue de l'acoustique. Tandis
que l'un de nous prenait place au gradin supérieur,
l'autre, debout sur la scène, commençait à parler à
voix haute, puis, baissant graduellement le ton, finis-
sait par ne plus faire entendre qu'un murmure. A
notre grande surprise et à notre non moins grande
admiration, nous nous sommes assurés que l'auditeur
entendait parfaitement tout, quelque éloigné qu'il fût.

Au nord des deux édifices que nous venons de
mentionner, s'étend un espace horizontal qu'en-
toure une magnifique colonnade en demi-cercle[1].
Cinquante-cinq colonnes demeurent debout autour
de cette place qu'on appelle le forum de Djérach[2].
Du milieu de cet hémicycle, du côté du nord, part la
via sacra, l'artère médiane de la cité, avec sa double rangée de colonnes parallèles, dont un grand
nombre sont étendues sur le sol, mais dont il reste

---

[1] Voir les planches des pages 55 et 69. Celle-ci est prise en regar
dant du sud au nord; l'autre en regardant du nord-ouest au sud-est.

[2] Beaucoup d'autres gisent sur le sol. Sur l'un de ces fragments
étendus à terre, nous relevons cette inscription : ΔΗΜΗΤΡΙΑΝΟΣ
ΕΠΑΗΡΩΣΕΝ.

Djérach : Temple du sud et grand théâtre.

encore un chiffre respectable debout; et, parmi
ces dernières, il en est qui sont encore surmon-
tées de leurs chapiteaux et des blocs de pierre qu'elles supportaient et qui les reliaient les unes aux
autres [1]. Cette longue rue s'étendait sur un parcours
de plusieurs centaines de mètres. Suivons donc
cette antique voie et nous aurons bien des surprises
agréables à signaler, tant à gauche qu'à droite.

Citons d'abord, sur la hauteur, à l'ouest, le grand
temple, ordinairement appelé temple du Soleil, non
pas en vertu d'un témoignage positif, indiquant sa
destination, mais tout simplement en se conformant
à l'adage connu « à tout seigneur, tout honneur, »
adage assez naturel ici. Après tout pourtant, ce pourrait aussi bien être un temple de Zeus ou d'Artémis
qu'un temple d'Hélios, ce dernier n'ayant pas à Djérach les mêmes raisons d'occuper le premier rang
qu'à Baalbek (Héliopolis). Ce magnifique édifice,
aux colonnes corinthiennes admirablement conservées — elles ont cinq mètres de circonférence —

[1] Voir la planche de la page 83.

se trouve sur une élévation, Chose curieuse, à l'inverse de ce qui s'est passé pour le temple du sud,
les colonnes ici ont moins souffert que le temple
lui-même, dont les murailles se sont en bonne partie
effondrées. Ce qui en reste suffit néanmoins pour
donner une idée de l'aspect grandiose qu'il devait
offrir au temps où, intact et splendide, il était visité
par de nombreux adorateurs[1].

Au sud du grand temple, se trouvent d'autres ruines plus insignifiantes en apparence; l'édifice qu'elles représentent est en grande partie écroulé et pourtant il mérite d'attirer l'attention et d'éveiller l'intérêt. En effet, sur les pierres qui jadis formaient sans
doute la frise de cette construction, se trouve une
inscription grecque, dont nous retrouvons trois mor-
ceaux sur trois blocs distincts, et cette inscription
nous apprend que nous avons affaire à un édifice chrétien, la croix s'y trouve gravée à plus d'une reprise,
et le nom d'un martyr, Théodore, y apparaît. Était-
ce une église? Nous ne savons, la chose pourtant pa-

[1] Voir la gravure, page 73. Sur celle de la page 69, le temple du
Soleil est visible tout à gauche.

Djérach : Vue générale prise du sud.

raît probable, en tout cas le caractère chrétien de ces restes ne saurait être contesté. C'est quelques instants seulement avant le coucher du soleil que nous découvrons cette triple inscription, et nous nous hâtons de la transcrire, après beaucoup d'autres recueillies précédemment durant le cours de la journée. Elle nous intéresse d'une façon spéciale, mais nous n'osons pas entretenir l'espoir d'être les premiers à la copier. Et, en effet, revenus en Europe, nous avons pu constater qu'elle avait déjà été plusieurs fois publiée. Néanmoins, je ne regrette pas le temps que nous avons mis à en prendre rapidement copie, dans des postures fort peu commodes et talonnés par la chute imminente du jour, Il y a quelque chose d'attrayant et même de passionnant dans toute occupation de ce genre; quiconque s'y est jamais livré ne me contredira pas.

Entre la grande colonnade rectiligne de la voie sacrée et le temple du Soleil se trouve un édifice de grande dimension et d'un aspect monumental, que l'on a décoré du nom de Propylées. Il forme la voie d'accès pour monter au sanctuaire supérieur, et il est orné d'un grand nombre de détails de sculpture et de motifs d'architecture vraiment remarquables par leur beauté[1]. Ici aussi, au milieu de blocs épars et gisant pêle-mêle à terre, nous avons copié quelques inscriptions.

Au nord des Propylées, se trouve le plus petit des deux théâtres de Djérach. Il ressemble beaucoup à celui que nous avons déjà décrit, et se trouve dans un meilleur état de conservation. Tandis que nous l'examinons[2], et que nous errons sur les gradins, deux Tcherkesses, qui nous ont rejoints et qui s'entretiennent avec nous, nous demandent gravement si ce sont des trésors que nous cherchons et si nous espérons en trouver. L'instant d'après, comme je suis debout sur une grande dalle et que je laisse accidentellement retomber sur la pierre l'extrémité ferrée de mon bâton, voilà que le choc produit un son métallique et que mes deux hommes s'élancent vers moi en s'exclamant : « Masâri » (de l'argent)!!!

[1] La planche de la page 77 en fournit un exemple.
[2] Nous avons renouvelé ici, avec le même succès, l'expérience d'acoustique déjà décrite plus haut à propos du grand théâtre.

Djérach : Grand temple du soleil.

J'ai beau leur expliquer qu'il n'en est pas question, je ne garantis pas qu'ils ne soient pas revenus, par quelque nuit obscure, soulever la dalle ou même la briser, et chercher le trésor. Ne l'ayant pas trouvé, ils auront probablement conclu que nous avions réussi à l'emporter.

Un édifice encore à signaler, celui sans lequel on ne peut se représenter une cité de l'époque gréco-romaine, les thermes. Les voilà, sur notre droite, tandis que nous continuons à suivre la colonnade après avoir laissé derrière nous le petit théâtre. C'est un assemblage compliqué de chambres et de voûtes, appropriées sans aucun doute à toutes les exigences de cette civilisation raffinée qui avait fait du bain un des besoins et des luxes les plus accoutumés de l'existence.

Et que d'autres constructions encore[1], moins re-

---

[1] Depuis deux ans environ, la *Zeitschrift des Deutschen Palæstina-Vereins* annonce un article (que nous nous réjouissons de lire) de M. G. Schumacher sur Djérach, pour faire suite aux articles si intéressants et instructifs qu'il a publiés dans cette Revue (XVI, p. 62-83, 153-170), sous ce titre : Ergebniss meiner Reise durch Haurau, Adschlun und Belkâ, et dans lesquels il décrit, avec sa compétence habituelle, entre autres, le trajet de Djérach à Salt.

marquables, plus détériorées, mais dont nous pouvons encore discerner les restes, les arasements tout au moins. Et tout cela c'est, si je puis m'exprimer ainsi, la partie officielle de la ville, ce sont les édifices publics. Les demeures des particuliers devaient remplir le périmètre si étendu de l'enceinte, et leurs matériaux, dispersés mais encore utilisables, ont servi aux Circassiens à ériger leurs habitations rectangulaires, munies parfois d'une sorte de galerie extérieure ou de véranda.

Nous avons passé une heureuse journée, mais une journée bien remplie et fatigante, au milieu de ces augustes débris, et nous emportons, gravé dans notre mémoire, le souvenir de tous ces glorieux vestiges, la fière silhouette du temple du Soleil, les innombrables colonnes de la voie sacrée et du forum, les ornements pittoresques des Propylées, et tant d'autres détails entrevus d'abord, puis examinés avec soin. Le soleil a éclairé cette journée d'une lumière chaude et dorée; pas un nuage, pas un souffle de vent n'est venu troubler la sérénité de l'atmosphère. Volontiers nous poursuivrions nos promenades au

Djérach : Les Propylées.

travers des décombres et des pans de murs, à l'affût
de nouvelles inscriptions peut-être..., mais le temps
est compté, et demain matin il faut se remettre en
route pour franchir à nouveau la vallée du Jabbok et
gravir les pentes des collines qui se dressent à l'horizon, du côté du sud[1].

On les aperçoit sur la gravure de la page 55.

Mercredi 14 mars.

Le temps continue à être admirablement beau. Nos chevaux, qui n'ont pas passé la journée de la veille à grimper dans les ruines, sont parfaitement reposés et n'auront pas de peine à fournir aujourd'hui la traite d'environ dix lieues qui nous mènera à Ammân.

Pour le dire en passant, rien n'avait été plus difficile que de découvrir, tandis que nous étions encore à Jéru-

salem, quelle était la durée exacte du trajet entre
Djérach et Ammân. Les témoignages de ceux-là
mêmes qui avaient visité ces lieux différaient sensiblement. L'un évaluait la distance à 17 lieues. L'autre
affirmait au contraire qu'on pouvait aller et revenir
en un seul jour! La vérité était entre deux, et cette
fois encore le Bædeker avait raison dans son estimation (neuf lieues et demie). En revanche, si la
distance est très exactement indiquée dans cet excellent manuel, le tracé de l'itinéraire est donné en
termes trop vagues ou plutôt trop sommaires pour
que je puisse être sûr d'avoir suivi précisément le
même chemin. Si, d'autre part, je compare notre
route avec celle qu'a prise M. Le Strange[1], je crois
que la nôtre est un peu plus à l'ouest que la sienne.
Notre point de départ étant Djérach même, et non
pas, comme pour lui, le Ouéli de Nébi Hoûd, situé

---

[1] Voir le volume intitulé : Across the Jordan, by G. Schumacher
(Londres 1886), où se trouve (p. 263-328) un récit de *Guy Le Strange*,
A ride through Ajlun and the Belkâ during the autumn of 1884.
Comp. en particulier p. 298-308. Chose curieuse, dans ce récit, vive-
ment enlevé et ordinairement exact, les Circassiens de Djérach sont
considérés comme chrétiens et, à ce titre, odieux à leurs voisins musulmans.

Djerach : La grande colonnade.

sur une colline plus à l'est, nous avons aussi passé
le Jabbok un peu plus en aval, et tout notre trajet
s'en est ressenti. Nous avons pourtant abouti comme
lui à la plaine de la Bekeya et aux ruines de Yâ-
djoûz. Mais n'anticipons pas.

On nous avait fait espérer que le moudir de Djérach rentrerait peut-être chez lui avant notre départ,
et que nous pourrions ainsi lui exprimer notre reconnaissance pour l'hospitalité que, quoique absent,
il nous avait accordée par procuration et dont nous
avions profité avec empressement. Il fallut nous
contenter de présenter nos remercîments à son
jeune fils et à son personnel subalterne.

Une fois de plus, nous constatons qu'on a beau
vouloir partir au lever du soleil, il surgit toujours une
circonstance ou une autre qui retarde le départ.
Levés dès cinq heures, nous ne pouvons nous mettre en route qu'à 6 h. 30. Nous traversons le village
comme nous l'avions fait l'avant-veille, mais naturellement en sens inverse, revoyant sur notre passage, d'un œil d'admiration et de regret, ces su-
perbes monuments du passé, jusqu'à la grande arche

triomphale. Arrivés là, nous continuons encore pendant une demi-heure environ à suivre notre route
du lundi ; puis, brusquement, nous prenons à gauche
et nous descendons, par un sentier abrupt, dans le
ravin du Ouadi Djérach. Nous traversons ce petit
cours d'eau, puis nous le longeons sur sa rive gauche jusqu'à son embouchure dans la rivière principale, et là, un peu plus en amont que la première
fois, nous repassons le Jabbok à gué, environ une
heure trois quarts après notre départ de la demeure
du moudir.

Arrivés sur la rive méridionale, nous commençons aussitôt à gravir les pentes assez raides des
collines qui barrent notre passage du côté du sud-
est. Le sentier est escarpé. Par-ci par-là, nous rencontrons des bédouins et des bédouines avec leurs
bestiaux. La montée se prolonge. Vers 9 h. 15, nous
passons auprès d'une ruine, Khirbet Djouba. Trois
quarts d'heure plus tard, nous apercevons au loin,
sur la droite, le village turcoman de Roummân, que
nous avons traversé il y a deux jours. A 10 h. 15,
nous rencontrons un puits, situé dans une petite dé-

pression ou plaine minuscule, qu'on nous dit se
nommer Merdj Abou Semwer. Là se trouve un campement abandonné de bédouins : les tentes et leurs
habitants ont disparu; seuls, demeurent en place les
amoncellements de pierres, recouverts de broussailles, qui servaient de couches, et puis les restes
des feux. A 10 h. 45, nous passons près d'un campement de bédouins, en pleine activité celui-là, et un
quart d'heure plus tard, auprès d'un deuxième plus
considérable : l'un et l'autre appartiennent à la tribu
des Beni-Hassan. Nous nous informons du moudir
de Djérach, mais on ne l'a point vu, et d'ailleurs, en y
réfléchissant, nous nous rendons compte que ce n'est
pas au sud du Zerka qu'il faut le chercher, sa juridiction ne s'étend pas si loin. Entre les deux campe-
ments, une ruine, Khirbet el-Kamsheh. Enfin, à
11 h. 30, en nous retournant vers le nord, nous de-
meurons fascinés par un spectacle qui se dessine à
l'horizon, tout là-bas : une immense, une magnifique
coupole neigeuse se profile sur le ciel : c'est le
Grand Hermon, que nous saluons avec enthou-
siasme. Il y avait alors quatre mois et demi que

j'avais quitté la Suisse et que je n'avais plus aperçu aucune montagne couverte de neige. Cette belle cîme de l'Hermon m'apparaît comme un reflet de nos Alpes. Environ trois semaines plus tard, nous devions revoir ce dôme étincelant de blancheur, entre Naplouse et Dothan, et, à partir de ce moment, ne presque plus le perdre de vue pendant des semaines consécutives, tandis que nous en faisions lentement le tour presque complet[1].

Après une halte d'une petite heure, nous repartons, restaurés et reposés, et, vers une heure, nous passons auprès d'une source qui coule dans le Ouadi Oumm Roummâneh. Plus loin, du côté de l'est, ce ouadi s'appelle Ouadi el-Khalla. A droite, au contraire, s'ouvre le Ouadi Taabkera que dominent des ruines du même nom. Tandis que nous chevauchons

---

[1] Du sommet de la tour russe du mont des Oliviers, où nous nous trouvions un jour d'hiver (19 janvier 1894) par un ciel absolument sans nuages, nous avions aperçu, dans la direction voulue, au nord-est, à l'extrême horizon, une montagne blanche, et nous avions cru possible que ce fût le Grand Hermon. Mais, ayant pu remonter à la même tour le 7 mars, nous avons constaté que l'objet blanc avait disparu ; c'était sans doute un simple nuage. D'autres voyageurs peuvent avoir été dupes de la même illusion et c'est pourquoi je signale ce fait.

le long de ces pentes gazonnées, nous remarquons
avec une certaine satisfaction que le chemin, com-
paré avec celui de la matinée, s'est sensiblement
amélioré et qu'il y a moyen à présent de s'avancer
sur deux de front au lieu de la sempiternelle file in-
dienne des mauvais sentiers. Et voilà que tout à
coup nous discernons, gisante au bord de la route,
une colonne milliaire et, à quelque distance, après
avoir cheminé le nombre voulu de minutes, nous
en apercevons une deuxième. Et, par intervalles,
nous retrouvons, sous les pas des chevaux, quelques
traces de l'ancien pavé et même les vestiges laissés
dans la pierre par les roues des chariots : nous sommes sur une ancienne voie romaine, précisément ici
où nous venons de constater exceptionnellement que
le chemin est devenu meilleur. Ce fait nous a frap-
pés, ai-je besoin de le dire? Il a accru notre admiration pour ce puissant empire de Rome, admiration déjà si vive en présence des édifices de Djérach et que devait confirmer encore le spectacle des
ruines d'Ammân. Apostrophant la colonne Vendôme

et lui parlant du grand conquérant auquel elle doit
son existence, le poète a dit :

>   . . .Ce pouce de géant dont tu portes l'empreinte
>   Partout sur ton airain !

Ne pourrait-on pas aussi, légitimement, en s'adres-
sant au monde connu des anciens, lui rappeler qu'il
porte, indélébile, l'empreinte laissée par un autre
« pouce de géant, » celui de cette fière nation dont
le rôle a été de s'assujettir les peuples. Quelque
temps après notre retour en Europe, nous lisions,
dans le *Journal de Genève* du 14 août 1894, une cor-
respondance de Bosnie. L'auteur racontait avoir en-
tendu le gouverneur général de Bosnie et d'Herzé-
govine, comte de Kallay, s'exprimer ainsi : « Oh !
les Romains, je les retrouve partout. Quand je fais
construire une route, je suis certain, si elle est bien
comprise, qu'elle reprendra le tracé d'une ancienne
route romaine. » Cette expérience que font les Au-
trichiens dans la péninsule des Balkans, on peut la
faire aussi dans cette région lointaine et aujourd'hui
à peu près déserte, le pays au delà du Jourdain, qui

a été une terre de bédouins jusqu'à l'époque romaine et qui est redevenu depuis lors une terre de bédouins. Le temps de la civilisation due au grand empire de Rome forme ainsi comme une parenthèse ou une oasis dans l'histoire de cette contrée.

Après avoir passé, vers 1 h. 25, près d'une source et avoir vu, un quart d'heure plus tard, six colonnes couchées les unes près des autres, nous rejoignons une route qui vient de l'ouest. C'est celle qui sert de débouché à une région appelée la Bekeya, qui s'étend entre Salt et Ammân, région relativement plane et assez fertile. La carte qu'ont levée avec tant de soin et au milieu de si réelles difficultés le lieutenant (actuellement major) Conder et ses compagnons pour le compte du Palestine Exploration Fund, ne s'étend malheureusement pas sur tout ce territoire. Les vaillants topographes dont nous parlons ont été obligés d'abandonner leur œuvre non encore achevée, et il en résulte que pour le trajet de Djérach à Ammân le voyageur n'a pas entre les mains une carte aussi sûre que celle dont il a le privilège de pouvoir se servir dans toute la Palestine

occidentale et dans une partie tout au moins de la
contrée transjordane[1].

Un peu plus loin, nous nous séparons, bien à regret, de la route romaine et nous arrivons (2 h. 25)
dans une localité riche en ruines et débris de genres
divers. Cet emplacement s'appelle aujourd'hui Yâ-
djoûz. Que représente ce nom? Quelle ancienne cité
se dissimule sous ces restes de murailles? Y a-t-il
eu ici une ville au temps des Ammonites ou des fils
d'Israël? ou bien tout au moins un établissement im-
portant de l'époque romaine? Les archéologues
n'ont pas de réponse à donner à ces questions, et
aucune hypothèse un peu plausible ne vient s'impo-
ser à l'attention.

Il faut poursuivre. Les chevaux, que nous n'avons
cessé de stimuler tout le long de cette journée bien
remplie, cheminent encore avec entrain, quoique
sans aucun doute la perspective d'un repos prochain
soit faite pour réjouir bêtes et gens. Enfin, à 4 h. 30,
nous mettons pied à terre au sommet de la colline

[1] Lire *C. R. Conder*, Heth and Moab, Explorations in Syria in 1881
and 1882 (3ᵉ édition, Londres, 1892).

qui domine Ammân du côté du nord et qui portait autrefois la citadelle de la ville.

Ammân est l'ancienne capitale des Ammonites. Elle s'appelait alors Rabba, ou plus complètement Rabbath-Ammon. Elle est mentionnée à plusieurs reprises dans les Ecritures[1], mais spécialement dans le récit de la campagne de Joab, général de David, contre Hanoun, roi des Ammonites[2]. C'est sous les murs de Rabba, alors assiégée par l'armée israélite, que, d'après les instructions perfides envoyées par le roi, le malheureux Urie fut placé intentionnellement dans un poste dangereux et perdit la vie, victime des passions d'un monarque et de la coupable complaisance d'un officier dévoué à son maître.

Le texte biblique mentionne un peu plus loin que, la « ville des eaux » étant tombée entre les mains du général assiégeant, le roi David fut mandé en toute hâte, et qu'arrivé au camp, ce fut lui qui,

[1] Deut. III, 11; Jos, XIII, 25 : 2 Sam. XVII, 27; 1 Chron. XX, 1; Jér. XLI, 2, 3; Ez. XXI, 20.
[2] 2 Sam. XI-XII.

sans avoir été à la peine, fut à l'honneur : il présida
à la prise de la citadelle et s'empara de la couronne
des Ammonites, qu'il plaça sur sa propre tête.

Cette « ville des eaux » existe encore actuellement.
C'est la ville basse, située au bord du Jabbok, que nous
retrouvons ici après l'avoir quitté le matin. Après
avoir traversé Ammân, en allant de l'ouest à l'est, il
décrit un vaste circuit (un arc dont notre trajet de
ce jour formerait la corde) et s'en va passer au sud
de Djérach, là où nous l'avons traversé deux fois et
où il coule de l'est à l'ouest pour aller finalement se
jeter dans le Jourdain.

Au-dessus de la ville basse, ou ville des eaux, se
dresse donc la colline de la citadelle. Elle s'élève à
une grande hauteur et porte sur son sommet des
ruines considérables, mais mal conservées, restes
probables de temples et de châteaux forts. On y voit
aussi une antique piscine et l'entrée d'une caverne,
au fond de laquelle est un puits de grandes dimen-
sions et qui communiquait avec la forteresse par un
couloir souterrain.

Le seul édifice qui, dans cette enceinte jadis en-

Ammân : Édifice arabe (d'après une photographie du Palestine Exploration Fund, reproduction autorisée par le Comité).

tourée d'une puissante muraille, soit encore dans un
état de conservation relative, est une construction
qui date du moyen âge et qui porte le caractère de
l'architecture arabe. On lui a donné divers noms, les
uns en faisant une église byzantine, (selon toute
apparence à tort), d'autres l'appelant le kiosque
d'Ammân, d'autres encore pensant y retrouver une
mosquée. La question demeure en suspens. Ce qui est
certain, en revanche, c'est que, pour juger de l'élégance de ce bâtiment, il ne faut pas se contenter de
le contempler du dehors; envisagé ainsi, il est tout à
fait insignifiant. Il faut pénétrer dans l'intérieur, et
alors les détails intéressants et vraiment artistiques de
cette architecture se montrent aux yeux [1].

Il ferait bon s'attarder au sommet de cette colline,
à laquelle les ruines qui la couvrent donnent un
cachet fort curieux et du haut de laquelle une vue
étendue et pittoresque se présente aux regards. Mais
le jour commence à décliner et nous avons encore
deux tâches à accomplir, visiter les ruines de la ville

[1] Voir la gravure de la page 95.

basse et nous assurer un abri pour y passer la nuit. Nous descendons de la citadelle et arrivons au milieu des habitations modernes.

Comme à Djérach, nous voici en présence des Circassiens. Ici, comme là-bas, se trouve installée une de ces colonies d'hommes venus de fort loin, et qui ont apporté avec eux et importé dans leur nouvelle résidence le costume et les mœurs de leur ancienne patrie, tout en apprenant pourtant la langue de leur pays d'adoption. Les Tcherkesses d'Ammân sont moins anciens dans la Belka que ceux de Djérach, leur arrivée remonte à quelques années seulement. Ils ont, disent volontiers les voyageurs et les explorateurs du pays, une forte dose de fanatisme, et n'accueillent pas les chrétiens avec faveur. Nous n'étions donc pas sans quelque appréhension, d'autant plus que nous n'avions pas la moindre lettre de recommandation pour qui que ce fût à Ammân, localité d'ailleurs dépourvue d'un moudir. Mon drogman, F. Karam, avait, il est vrai, fait précédemment à Jérusalem la connaissance d'un notable d'Ammân, nommé Mohammed Effendi, venu dans la ville

sainte je ne sais à quelle occasion. Nous profitons
de cette circonstance et demandons que l'on nous
indique la maison de ce Mohammed. « Il est à
Damas, » nous répond-on. Surprise peu agréable !
Heureusement, Karam ne perd pas la carte et
demande le frère de Mohammed Effendi. Je n'ai
jamais bien compris si Karam connaissait l'existence
et le nom de ce frère, ou bien si ç'a été de sa part
un trait de génie d'improviser ainsi cette ressource
inopinée ; quoiqu'il en soit, la réussite a été complète.
On nous dit que Mahmoud Effendi est chez lui et
l'on nous conduit à sa demeure. Nous attendons
quelques instants à la porte, parce que Mahmoud est
à la prière ; puis, quand enfin il paraît, nous voyons
un homme d'âge moyen, maigre, élancé, le corps
emprisonné dans une de ces étroites redingotes
russes munies sur la poitrine de pochettes pour les
cartouches, et coiffé d'un bonnet de fourrure. Tel est,
en effet, le costume que portent les Circassiens
d'Ammân et de Djérach. A nos salutations et à notre
demande d'hospitalité, il répond avec une dignité
froide qui toutefois n'exclut pas la bonne grâce, et

dès ce moment nous pouvons nous considérer comme ses hôtes. Il prend même tellement au sérieux ses devoirs d'amphitryon que, lorsque notre drogman veut déballer le sac aux provisions, Mahmoud l'arrête : « Que fais-tu là, lui dit-il ? Rentre tout cela ; ces étrangers sont mes hôtes, c'est à moi de fournir tout ce qui leur sera nécessaire. » Ainsi fut fait, Mahmoud pourvut à tout, et encore nous fit-il ses excuses de ne pouvoir faire davantage et mieux, notre arrivée imprévue l'ayant pris par surprise.

Profitant de la dernière heure du jour, nous nous empressons, M. Cooke et moi, d'aller faire le tour des ruines situées dans la ville inférieure. Déjà en arrivant, nous avions pu y jeter un coup d'œil. Il faut longer le Zerka, aux flots limpides, que franchissait jadis un beau pont, maintenant en ruines, et dont le lit est en bonne partie encaissé entre des quais de provenance ancienne. Sur sa rive gauche, s'élève une belle basilique, dont les trois nefs sont encore très faciles à discerner, avec leurs trois absides ; un peu plus loin, des thermes, avec d'élégantes colonnes encore debout et des niches d'une belle architecture.

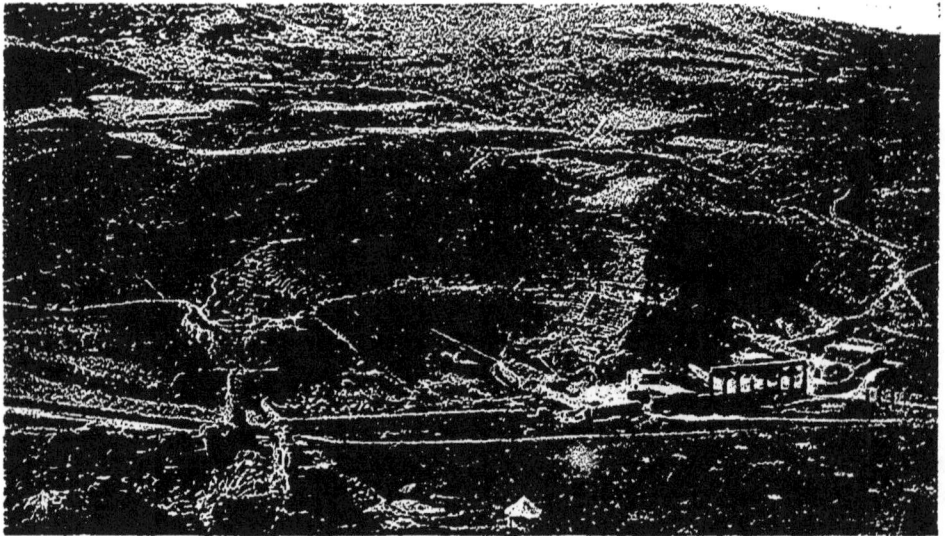

Amman : Vue générale, grand et petit théâtre, colonnade.

Dans l'intérieur du village actuel, un édifice d'un aspect assez énigmatique, une mosquée, qui date du moyen âge.

A travers la bourgade, se prolonge une grande colonnade, moins bien fournie, il est vrai, que celle de Djérach, mais pourtant encore remarquable, surtout dans sa partie orientale. Enfin, tout à l'extrémité de la voie sacrée et sur la rive droite du Jabbok, le grand théâtre d'Ammân, excavé en demi-cercle dans la paroi de la montagne qui domine la ville au sud-est. Les gradins sont encore en bon état, la scène a souffert davantage. Et malheureusement, les Tcherkesses, en quête d'abris, se sont installés dans le théâtre et s'y sont créé des habitations dont l'aspect ne cadre pas d'une façon harmonieuse avec l'apparence imposante de l'édifice.

Nous évaluons le nombre des places destinées aux spectateurs à six mille environ. Le Bædeker, il est vrai, dit trois mille. Mais, d'autre part, nous avons lu depuis dans un article du P. Séjourné[1] le chiffre de

---

[1] *Revue biblique*, II (Paris, 1893), p. 143. Dans cet article (p. 119-145) intitulé Chronique, le savant dominicain raconte un voyage au

six mille, dans le livre du professeur George Adam
Smith[1], le chiffre de sept mille, et dans celui du
Dr Merrill[2] nous avons même trouvé dix mille. Nous
croyons donc pouvoir maintenir notre estimation
première, que nous ne croyons point exagérée.

Un peu au nord du grand théâtre[3], se trouve un
petit théâtre, également à ciel ouvert et que l'on
appelle communément l'Odéon d'Ammân. Dans ses
ruines, nous ne rencontrons qu'un chacal qui se hâte
de fuir à notre approche. Au retour, nous sommes
salués par quelques cailloux que la jeunesse d'Ammân
se fait un devoir et un plaisir de nous lancer.

A l'époque gréco-romaine, de laquelle date la majeure partie de ces ruines, Ammân ne s'appelait plus
Rabbath-Ammon, mais Philadelphie, nom qu'elle
avait reçu de Ptolémée II Philadelphe, roi d'Égypte,
qui l'avait conquise et embellie. Le nom primitif a

delà du Jourdain. Il a publié le compte rendu sommaire d'un second
voyage dans la même région, *Revue biblique*, III (1894) p. 615 et sui-
vantes.

[1] *George Adam Smith*, the Historical Geography of the Holy Land
(Londres, 1894), p. 604.

[2] Ouvr. cité, p. 477-478.

[3] Au premier plan à gauche, sur la planche de la page 101.

été remis en vigueur par les Arabes, il est même à présumer qu'il ne s'était jamais perdu complètement dans la bouche des indigènes des environs. Mais pendant de longs siècles, la ville est demeurée inhabitée et c'est seulement depuis peu que ses nouveaux colons y sont installés. Leur présence a déjà occasionné et occasionnera encore des détériorations regrettables de ces belles ruines, et le moment ne tardera pas à venir où les photographies prises actuellement ne représenteront plus qu'un état de choses disparu.

Vers la tombée de la nuit, nous rentrons dans la demeure hospitalière de Mahmoud, et nous trouvons ce dernier dans la chambre spacieuse et remarquablement bien entretenue de la *Mêdâfeh* que lui-même et son frère absent ont fait bâtir pour recevoir les étrangers, ainsi que l'a fait le moudir de Djérach. Notre hôte ne laisse pas que d'être impatient de se mettre à table, car sa journée de jeûne a été longue et son appétit a eu tout le temps de grandir. Le nôtre ne laisse rien à désirer non plus après une journée si bien employée. Nous nous déchaussons

5*

donc pour prendre place sur le tapis, et nous voici, sinon précisément attablés, du moins assis ou accroupis autour d'un grand plateau posé sur un petit tabouret. Notre hôte partage notre repas, et nous nous régalons de viande, de riz et de légumes, vraiment très bien apprêtés. Puis le grand samovar de cuivre jaune fait son apparition, et alors commence une soirée qui se prolonge fort tard et pendant laquelle les verres de thé ne cessent de circuler à la ronde, beaucoup de Tcherkesses venant les uns après les autres se joindre à notre cercle et participer, plus ou moins activement, à notre conversation. Cette salle, éclairée par une lampe à pétrole suspendue au plafond, et dans laquelle le thé est libéralement versé à tous les assistants, cette salle où nous parlons arabe avec des hommes vêtus de costumes russes ou tartares, tout cela forme un ensemble étrange et inoubliable.

L'un des gros sujets à l'ordre du jour, c'est notre voyage du lendemain. Notre plan, formé avant de quitter Jérusalem, avait été de poursuivre notre excursion au sud d'Ammân, pour visiter Hesbân et

Madéba, et de rentrer de là à Jéricho en passant
par le Mont Nébo et les célèbres fontaines de Moïse.
Le seul inconvénient de cet itinéraire était de nous
faire manquer l'ancienne Tyros, Arak el-Amîr, située exactement sur une ligne droite qu'on tirerait
d'Ammân au pont du Jourdain, et que nous aurions
ainsi dû laisser de côté. Mais on ne peut pas tout
avoir ni tout voir, et il faut savoir se contenter.

Toutefois, notre guide Afnân, qui avait jusqu'alors
si efficacement rempli son rôle d'escorte, ne pouvait
plus suffire à nous piloter au sud d'Ammân. Il nous
en avait loyalement avertis dès le moment de son
engagement, et étant données les conditions parti-
culières qu'implique la notion d'escorte, c'était en
effet très naturel. Il faut que les voyageurs aient
avec eux quelqu'un qui soit du pays. Aux alentours
de Salt, jusqu'à Djérach et Ammân, Afnân satisfai-
sait aux exigences voulues pour être notre porte-
respect. Plus au sud, il en était autrement. Mais
nous pensions que les Circassiens, nos hôtes, si
courtois et si bienveillants, ne nous refuseraient
pas de nous faire accompagner par l'un des leurs.

Nos prévisions furent déçues. Après s'être concerté avec ses compagnons, Mahmoud nous explique que les parages voisins d'Hesbân sont actuellement occupés par une tribu de bédouins avec lesquels eux-mêmes sont en mauvais termes. En d'autres temps, si nous manifestions le désir d'aller dans la direction du sud, les Circassiens nous escorteraient volontiers. Mais, actuellement, une rencontre avec leurs ennemis serait inévitable, et Mahmoud ne veut pas prendre, vis-à-vis du gouvernement et vis-à-vis de nous-mêmes, la responsabilité d'avoir impliqué des voyageurs européens dans une aventure où il y aurait probablement des coups de fusils échangés. Nos Tcherkesses refusent donc de nous servir de guides, et ils savent bien, et nous aussi, que sans eux nous ne pouvons pas exécuter notre plan. Force nous est donc de modifier nos projets, et nous nous y résignons d'autant plus volontiers qu'il y a amplement compensation. Nous ne verrons pas Hesbân, les ruines de l'ancien Hesbon, la capitale du roi Amoréen Sihon [1];

---

[1] Comp. Nombr. XXI, 21-32 ; Deut. II, 24-37, etc.

nous ne verrons pas non plus Madéba [1], et
nous laisserons sans emploi la lettre que m'avait
donnée le kaïmakâm de Salt pour le moudir de
Madéba, ainsi que la recommandation qui m'avait
été remise pour le prêtre catholique de l'endroit
par le Père Séjourné, le savant et aimable archéo-
logue du couvent dominicain de St-Etienne à Jérusalem. Enfin, nous devrons nous passer de visiter
la montagne fameuse à laquelle le souvenir de
Moïse, expirant sur le seuil de la Terre Promise,
demeure indissolublement attaché. En revanche,
nous verrons Arak el-Amîr, cette curieuse cité taillée
dans le roc, avec ses ruines inexpliquées et ses
inscriptions mystérieuses, et nous irons passer la
nuit prochaine sous la tente d'Ali Diâb, le chef de
la tribu bédouine des Adwân. Cette double perspective nous réconcilie avec la nécessité de devoir
abandonner notre itinéraire primitif.

[1] Voir sur Madéba, *Revue biblique*, I, p. 617-644, un article (avec
plans et figures) exclusivement consacré à cette ville par le P. Séjourné.
M. Schumacher a aussi annoncé un article sur Madéba (comp. Z. D.
P. V, XVI, p. 162). — Je renvoie ici comme plus haut aux derniers articles publiés et je suis loin de méconnaitre ou d'ignorer l'existence de
nombreux récits de voyages et d'explorations dans la Belka, plus anciens et plus généralement connus déjà.

La soirée est maintenant avancée, l'heure du
repos a sonné. Les visiteurs du dehors se sont peu
à peu éclipsés, mais Mahmoud ne prend pas congé.
Pour faire honneur à ses hôtes, au lieu de rentrer
dans sa propre habitation, il va partager notre
chambre. Et pour accentuer encore cette marque
d'estime et de déférence il invite un de ses cou-
sins à en faire autant. Leurs lits vont donc se dres-
ser, ou, pour parler plus exactement, s'étendre aux
côtés des nôtres. Seulement, tandis que les serviteurs
de Mahmoud prépareront sa couche et celle de son
parent, ce sera Mahmoud lui-même qui, *manu propriâ*,
arrangera le lit de ses hôtes, qui étendra par terre
les tapis et les couvertures et disposera jusqu'aux
draps blancs avec une dextérité que pourrait lui
envier mainte femme de chambre experte en son
art. Tout est prêt, la lampe est non pas éteinte
mais baissée, et nous nous endormons d'un sommeil profond et réparateur, bien gagné après toute
une journée de cheval, maints circuits dans les
ruines et quatre heures de conversation en arabe.

Nous nous réveillons après une excellente nuit et savourons encore, avant de partir, le délicieux thé de notre hôte. Puis nous nous séparons de lui en le remerciant chaleureusement pour sa très courtoise hospitalité. Nous étions arrivés à Ammân prévenus contre les Tcherkesses, dont on ne dit pas beaucoup de bien, nous étions quelque peu anxieux sur l'ac-

cueil qui nous serait fait. Eh bien! nous avons trouvé
là des gens tout à fait aimables et bien disposés.

Nous partons vers six heures quarante-cinq, et
nous gravissons d'abord une pente très raide pour
sortir de la vallée du Zerka. Puis nous atteignons le
plateau qui la domine et qui nous apparaît revêtu
d'un ravissant tapis de fleurs aux couleurs les plus
variées. Tantôt c'est le rouge vif des anémones qui
domine, tantôt c'est le bleu pâle d'une autre fleur,
si abondante par places qu'on croirait apercevoir de
petits lacs aux eaux azurées.

Nous sommes bientôt rejoints par le Circassien
Ali, que Mahmoud Effendi nous a donné comme
guide et qui nous accompagnera jusqu'au terme de
notre journée, c'est-à-dire jusque chez Ali Diâb.
Afnân, en effet, connaît bien la route jusqu'à Arak
el-Amîr, mais non pas au delà.

Deux heures après notre départ, nous croisons la
route qui va de Salt à Madéba. Dans le proche voisinage de ce carrefour, se trouvent des tombes ap-
pelées Koubour el-Amara, sépulcres des émirs. Dix
minutes plus loin, nous commençons à descendre

dans le Ouadi Sîr, et voilà que, soudain, se dévoile
à nos yeux tout un tableau à grande distance : c'est
la chaîne des montagnes de Judée, c'est en particulier le mont des Oliviers, surmonté de la grande
tour russe. A ce spectacle, nous nous sentons déci-
dément sur le chemin du retour, et nous mesurons
du regard, dans l'éloignement, ces lieux bien connus
qui se présentent à nous à l'improviste et que nous
revoyons avec joie, par-dessus la profonde dépression du Ghôr. Un peu à gauche, sur la hauteur des
montagnes de Juda, apparaît une bourgade aux
maisons blanches : c'est Bethléhem.

A neuf heures, nous atteignons les premières maisons d'une nouvelle colonie circassienne. C'est le
village de Ouadi Sîr, de création toute récente et
qui ne recouvre l'emplacement d'aucune ancienne
cité. Pas de ruines en cet endroit, mais une bourgade
moderne, aux cases rectangulaires, présentant tous
les caractères du bon ordre et de la prospérité. Ces
Circassiens sont certainement laborieux et intelli-
gents. Nous traversons leur village, puis nous franchissons le cours d'eau limpide et bouillonnante qui

coule au fond du ouadi, et nous continuons notre
route en le longeant sur sa rive septentrionale. A
plusieurs reprises, nous rencontrons sur notre parcours des ruines d'anciens moulins. Le premier
s'appelle el-Basset. Sur la hauteur à gauche, donc
sur la rive méridionale, nous apercevons une curieuse caverne qui a servi d'habitation et qui est
munie non seulement d'une porte, mais d'une fenê-
tre grillée dont les barreaux semblent taillés dans le
rocher. Cet endroit s'appelle Mouallakat Ouadi Sir[1].
Deux autres vieux moulins en ruines se présentent
encore sur notre chemin, tandis que nous chevauchons dans cette vallée bien arrosée et verdoyante,
véritable oasis au milieu d'un pays auquel font défaut les eaux courantes. Enfin, vers onze heures,
nous arrivons à Arak el-Amîr.

Qu'on se représente, dominant le ravin profond
où se précipitent les eaux impétueuses du Ouadi Sir,
une haute terrasse, couverte d'une herbe épaisse, et

[1] C'est à cette localité que se rapporte l'indication « Sir » sur la
carte qui accompagne le présent récit. Le village tout récent de
Ouadi Sir, dû aux Tcherkesses, est situé sensiblement plus en amont,
à l'est.

Arak el-Amir : Les rochers et les cavernes (d'après une phot. du Palestine Exploration Fund, reproduction autorisée par le Comité).

s'étendant sur une longueur d'au moins un kilomè-
tre. Cette esplanade, que le torrent borde du côté
du sud, est fermé par une paroi rocheuse, demi-circulaire, dans les flancs de laquelle sont taillées des
cavernes en grand nombre, qui jadis ont servi de
demeure à toute une population [1]. Laissant nos chevaux au pied des rochers, nous en commençons l'es-
calade. Il faut se munir de luminaires et ne pas
craindre la fatigue pour explorer ces nombreuses
grottes. Il en est sur le nombre qui sont comme de
véritables salles de festins, ou comme des sanctuai-
res religieux, avec leurs voûtes ou bien leurs plafonds
à deux pentes, creusés dans le roc. Des bancs, taillés
aussi dans la pierre, servaient de siège le long des
parois. Ailleurs, ce sont des crèches, elles aussi pra-
tiquées dans le flanc du rocher, et qui dénotent
d'antiques écuries. De quelle époque datent ces
excavations, ces résidences de troglodytes, c'est ce
qu'on ne peut préciser. Mais à un moment donné
dans l'histoire, à une date connue, entre 182 et 176

[1] Voir la gravure, page 115.

avant Jésus-Christ, ces lieux ont eu leur heure de
célébrité. Le prêtre juif Hyrcan, s'étant querellé avec
ses frères, quitta Jérusalem et vint s'établir en ce
lieu, auquel il donna le nom de Tyros. Ce n'est pas
lui sans doute qui le premier a utilisé ces grottes et
les a transformées en habitations humaines, mais il
a tout au moins étendu et développé cette singulière
cité dont il a fait sa résidence, et c'est de là, de ce
nid d'aigle dans les montagnes, qu'il a exercé pendant un temps sa juridiction sur les contrées d'alen-
tour. Il prit même le titre de roi, dit-on, et vécut
quelques années dans la libre possession de son
territoire. Mais ensuite, assailli de difficultés et de
mécomptes, trahi, découragé, Hyrcan termina son
étrange carrière par le suicide.

Est-ce de son temps, est-ce d'une époque plus
ancienne ou au contraire plus récente, que date une
inscription qui se trouve, répétée deux fois, sur les
parois de roc de l'ancienne Tyros? Après beaucoup
de peine, j'ai réussi à me faire conduire, par un bédouin de la localité, auprès de l'une de ces deux
inscriptions dont il nous a été facile de prendre co-

pie. Quant à l'autre, qui est identique du reste à la première, se composant des cinq mêmes caractères, je n'ai jamais pu obtenir du dit bédouin, ni d'aucun autre, qu'ils avouassent en connaître l'existence, et pourtant la perspective d'un bakhshish semblait les électriser. J'en conclus donc qu'eux-mêmes ignoraient

où elle se trouve. C'est de cette dernière, de celle que je n'ai pu ni voir ni copier, que je donne la reproduction d'après une photographie du Palestine Exploration Fund.

Ce qu'il y a de particulier et de vexant à constater à propos de cette inscription, c'est qu'elle constitue un mystère indéchiffrable. Il y a quelque chose d'humiliant pour des hébraïsants à devoir confesser que la seule inscription hébraïque, ou à peu près, que l'on rencontre en Palestine, demeure une énigme non résolue. Cette humiliation est peut-être très salutaire, mais elle n'en est pas moins pénible. Autrefois, on lisait volontiers Adnyyâ, qu'on interprétait arbitrairement, par « délices de l'Eternel. » Il est maintenant de mode de lire plutôt Tobiyyâ, ce qui, toutefois, ne peut en tout cas pas signifier « l'Eternel est bon, » comme le veulent encore quelques-uns, mais ce qui serait le nom propre Tobija, Tobie [1].

Ce n'était pas une sinécure que de grimper dans ces rochers, de caverne en caverne, entre onze heures et midi, par une température presque caniculaire. Le temps, en effet, beau depuis plusieurs

---

[1] La troisième lettre est un B, du vieil alphabet hébreu, la quatrième un Y du même type, sans aucun doute, quoiqu'elle soit peu distincte sur notre planche. La cinquième enfin est un H, mais de l'alphabet dit carré. Deux types d'écriture sont donc employés côte à côte dans une inscription de cinq lettres! Cela ferait presque songer à une mystification, à une fraude... Mais où serait dans ce cas l'intérêt du fabricant? Nous ne le voyons pas apparaître, contrairement à ce qui est arrivé dans la célèbre aventure des poteries moabites, ou bien dans celle du faux Deutéronome de Shapira. La grosse question est en somme celle de la première lettre; celle-ci est-elle tout à fait ronde ou bien munie d'un petit appendice à son sommet? Je n'ai aucun souvenir d'avoir vu cet appendice, je ne l'ai pas copié; mais ceci n'est pas une preuve. La seconde lettre peut être un W ou un D, quoiqu'elle semble surtout présenter l'aspect d'un N.

jours, nous avait apporté une chaleur écrasante.
Dans cette étroite vallée du Ouadi Sir, sur cette
terrasse exposée en plein midi, dans ces couloirs
de rochers brûlés par le soleil, il faisait vraiment
torride, et nous sentions d'autant plus l'ardeur des
rayons solaires au sortir des grottes ténébreuses. Et
pourtant nous ne regrettons certes pas ces instants
passés à explorer ce singulier labyrinthe, duquel
s'élancent parfois des vaches que nous troublons
dans leur quiétude. Tout à l'extrémité occidentale
de la rangée de rochers, nous examinons encore
un bloc noirâtre, de provenance volcanique, nous
semble-t-il, et qui, par sa conformation, diffère
notablement de tous les rocs avoisinants. Il attire
doublement notre attention, parce qu'il a été évidemment creusé par la main des hommes et qu'il
présente sur sa face antérieure quatre rangées ho-
rizontales, superposées, de petites niches ou excavations circulaires, semblables à celles des colum-
baires, au-dessous desquelles règne une sorte de
corniche; puis, au-dessous de la corniche, de nouveau deux rangées encore de ces mêmes excava-

tions, l'une de cinq, l'autre de quatre; au total, vingt-cinq niches en tout.

Sur la terrasse que dominent les rochers d'Arak el-Amîr, il est aisé de reconnaître encore aujourd'hui les restes d'une enceinte qui a dû être jadis fortifiée. Puis, plus à l'ouest, les vestiges d'un grand bassin ou réservoir d'eau, tellement considérable qu'on dirait un petit lac, et enfin les ruines d'un édifice monumental. Nous reprenons nos montures et nous nous dirigeons vers cet emplacement qui porte le nom de Kasr el-Abd, château de l'esclave. Ce qu'il y a de moins endommagé, c'est la façade orientale, au milieu de laquelle s'ouvrait une grande entrée. Des deux côtés, se dressent des pans de murs, faits de blocs énormes, et, chose curieuse et très rare en ce pays, ces pierres portent des sculptures en haut-relief : de chaque côté deux lions, encore aisément reconnaissables ; et, détail bizarre et inaccoutumé, les deux lions de droite tournent le dos à ceux de gauche, et réciproquement; au lieu de converger vers la porte médiane du bâtiment, ces animaux s'en éloignent de part et d'autre.

Arak el-Amir : Kasr el-Abd (d'après une phot. du Palestine Exploration Fund, reproduction autorisée par le Comité).

Quelle est la race qui a édifié ces massives mu‑
railles et les a décorées de ces sculptures gigantes‑
ques? Les archéologues sont en défaut, et discutent
sans arriver à un résultat positif. Une fois de plus,
nous constatons qu'Arak el‑Amir est un endroit fer‑
tile en énigmes: ces grottes multiples, ces inscriptions
incompréhensibles, cette architecture que l'on ne sait
à qui attribuer, autant de problèmes qui demeurent
sans solution. Une combinaison hardie, ingénieuse
plutôt que plausible, rapproche l'un de l'autre le pré‑
tendu Tobija des deux inscriptions et l'esclave (Abd)
du château, et veut y découvrir la trace de « Tobija
l'esclave ammonite » mentionné plusieurs fois dans le
livre de Néhémie[1]. Mais ce rapprochement, pour inté‑
ressant qu'il soit, ne projette aucune clarté sur les ori‑
gines de cet édifice. Devons‑nous le faire remonter
seulement au temps de la domination gréco‑romaine[2]?
ou bien jusqu'à l'époque de Hyrcan? ou bien serait‑
ce quelque vestige de la domination des Perses sur

---

[1] Néh. II, 10, 19; IV, 3, 7, etc.
[2] Comp. Perrot et Chipiez, Histoire de l'Art dans l'Antiquité, tome
IV (Paris, 1887), p. 211.

cette contrée? ou encore un produit de l'architecture
israélite ou ammonite, remontant à des temps plus
reculés ? Et quant à la nature ou à la destination de
l'édifice, était-ce un temple? était-ce un palais? autre
chose encore ? nous n'en savons rien[1].

Nous franchissons avec nos chevaux la pente de
la colline qui domine le Kasr el-Abd, du côté de
l'ouest[2], et qui sépare le Ouadi Sir d'une autre vallée,
le Ouadi Mousa, dépourvu d'eau. Là, sur la pente,
nous nous arrêtons à l'abri de quelques buissons qui
donnent un peu d'ombre, et nous faisons notre repas du milieu du jour, sans que notre guide circassien, musulman strict et zélé observateur du Ramadan, accepte une parcelle de nourriture ou une goutte
d'eau, malgré la chaleur du jour, la fatigue de la
course et la lourdeur du costume dont il est revêtu.
Il n'allume pas même une cigarette, montrant ainsi
un respect stoïque pour les observances de sa re-

---

[1] Quant au nom moderne d'Arak el-Amir, Conder (ouvr. cité, p. 363)
et le P. Séjourné (art. cité, p. 141) racontent une légende arabe qui a
la prétention d'en expliquer l'origine, ainsi que de celui de Kasr el-
Abd.

[2] Le chemin passe par la légère dépression que l'on aperçoit au-dessus des ruines du Kasr el-Abd, à gauche, sur la gravure de la page 123.

ligion. Nous avons pu voir le lendemain matin que ses principes en fait de morale et de véracité en particulier n'étaient point à la hauteur de son ascétisme.

J'ai peu de chose à raconter des trois heures et demie qui suivirent. Nous cheminons, en descendant presque toujours, sauf quand il faut remonter quelque peu pour redescendre ensuite selon les caprices du sentier. Après avoir longtemps longé le Ouadi Mousa, et y avoir rencontré çà et là des cavernes jadis habitées, des ruines insignifiantes, et parfois aussi des bestiaux gardés par des bédouins, nous finissons par atteindre une nouvelle vallée, arrosée celle-ci par un joli ruisseau. C'est la partie inférieure du Ouadi Schaïb [1], qui vient de Salt en décrivant une courbe très prononcée. Nous traversons le cours d'eau assez copieux en cet endroit, et dérangeons à notre passage un indigène qui prend un bain. De là, le trajet n'est plus bien long; en un quart d'heure, nous atteignons le campement du chef des Adwân Ali Diâb. Nous mettons pied à terre (5 h. 05) devant

[1] Voir plus haut, page 24.

la tente principale, et nous nous trouvons en face
d'un vieillard, évidemment très âgé, mais vert encore,
simplement vêtu comme tous ses congénères, mais
ayant pourtant un air de dignité incontestable. C'est
le grand cheikh en personne. Accueillant notre demande de pouvoir devenir ses hôtes pour la nuit, il
nous tend gravement la main en signe de bienvenue.
Nous pénétrons sous la tente, où l'on nous assigne
aussitôt une place très honorable; on nous apporte
tapis et coussins, et, après avoir posé nos chaussures
pour nous conformer à l'étiquette, nous goûtons un
repos après lequel, je dois le dire, les dernières
heures de notre cavalcade nous avaient fait soupirer
plus d'une fois.

Le Ramadan empêche encore les bédouins de
toucher au café qu'un serviteur à la peau noire est en
train de préparer sur le brasier ardent. Mais à nous,
qui ne sommes point astreints au jeûne, on peut nous
offrir sans retard ce breuvage réconfortant, et l'on
n'y manque pas. Très fort, non sucré, mais fortement
assaisonné de substances aromatiques, le café des
bédouins ne plaît pas à chacun; pour moi, je m'en

suis régalé. Les regards de nos hôtes se portent à
chaque instant vers le soleil couchant; l'heure de
rompre le jeûne approche, elle arrive enfin. Et aussitôt tout semble reprendre vie et activité dans la
grande tente noirâtre. Les hommes arrivent les uns
après les autres et s'installent en groupes pittoresques, par-ci, par-là, sous la vaste étoffe brun foncé
qui sert de toit. Quant aux tentures latérales, elles
sont relevées pour laisser un libre passage à l'air
doux et tiède du Ghôr.

Ali Diâb a 80 ans passés, assure-t-on : d'aucuns
disent 90. Sa carrière a été très mouvementée; à
bien des reprises il a eu maille à partir, dans le
passé, tantôt avec le gouvernement turc, tantôt avec
ses voisins, et spécialement avec la remuante et nombreuse tribu des Beni-Sakhr. C'est du reste un gros
personnage, ayant sous ses ordres des guerriers qui
se comptent, à ce qu'on prétend, par milliers. Que
de faits curieux ne pourrait-il pas raconter, soit sur
lui-même, soit sur son père, le vieux cheikh Diâb, qui
pendant bien des années a exercé l'autorité suprême

sur les Adwân[1]. Maintenant c'est au tour d'Ali d'être
un vieillard, et prochainement ce sera son fils ainé,
nommé Soultân, qui deviendra le grand chef.

En comptant son premier né, Ali a cinq fils, dont
les trois plus âgés sont mariés et établis à part: nous
ne les avons pas vus[2]. Le cinquième est un petit garçon de 7 à 8 ans qui reste encore avec les femmes.
Le seul par conséquent qui se montre sous la tente
paternelle est le quatrième, Saoûd, un beau garçon
de 18 à 19 ans, au teint d'un blanc mat un peu bistré,
avec de grands yeux noirs cerclés de kohl. Il parti-
cipe avec nous au repas que son père nous offre.

---

[1] On nous a raconté entre autres le fait suivant, que nous reprodui-
sons sans garantie. Diâb et son fils, après une période de luttes contre
l'autorité turque, avaient été dans l'obligation de se rendre à une
entrevue que leur assignait un pacha. Le vieux chef, qui avait ses
raisons de se méfier, enjoignit à son fils d'imiter son exemple: et, lorsqu'on leur offrit le café, qu'il n'était pas question de pouvoir refuser, le
père et le fils le prirent bien dans leur bouche, mais sans l'avaler,
et le laissèrent couler dans leur barbe. La pacha et son entourage furent déçus dans leur attente de voir les deux bédouins tomber sous
l'action du poison. Mais les dents du père et du fils furent complètement détruites par l'action corrosive du breuvage, et celles que l'on
admire actuellement dans la bouche d'Ali Diâb, sont, parait-il, des
dents artificielles.

[2] Et c'est pourtant leur photographie que nous pouvons présenter
au lecteur (page 137), tandis que nous n'avons ni celle de leur père, ni
celle de leur frère Saoûd.

Comme la veille chez Mahmoud le Tcherkesse, la nourriture est apportée dans un grand plateau qu'on dépose sur un escabeau minuscule, en plein air, au bord de la tente. Nous nous groupons autour de ce plat, avec le vieux chef et son fils. Les autres ne sont pas admis à cette table d'honneur. On nous sert de la viande, préparée de deux manières différentes, du riz excellent, des choux: le tout n'est pas entassé pêle-mêle dans le plat, mais en bon ordre, chaque chose à part. A chacun de se servir selon ses goûts et selon son appétit. A nous, l'on remet des cuillers, et l'on ajoute comme explication que c'est parce que sûrement nous « ne savons pas » manger avec les doigts, et cette expression n'est point immotivée. Ali et son fils, au contraire « savent » manger avec les doigts, je l'atteste, et s'acquittent de cette fonction avec une dextérité, une élégance et j'oserai dire une propreté qui dénote chez eux, au point de vue bédouin, ce que nous pourrions appeler de très bonnes manières. Ils avancent trois doigts, trois seulement, s'emparent d'un peu de viande ou de riz et portent la bouchée ainsi saisie à leurs lèvres sans

qu'aucune parcelle, aucun grain détaché du reste ne
vienne à tomber. C'est un art. Et après le repas, un
des serviteurs vient verser de l'eau sur les deux mains
tendues que son maître lui présente. Comme boisson, de l'eau puisée sans doute au cours d'eau voisin
et remarquablement fraîche. Après le repas, la soirée
remplie de conversations variées. Peu avec Ali, qui
nous fait l'effet d'un silencieux, mais beaucoup avec
Saoûd et avec d'autres. Notre guide d'Ammân se rat-
trape à cœur joie de son abstinence forcée de la journée entière. Il y a là, sous la tente, aussi des ouvriers
maçons, venus de Haïfa. Que font-ils ici, chez le cheikh
des Adwân? Je crois comprendre qu'il s'agit de l'érec-
tion ou de la restauration d'un monument funéraire.
Ces hommes sont chrétiens, et l'un d'entre eux est
très fier des quatre mots de français qu'il connaît. Il
me questionne, comme le font sans cesse les indigènes, sur tout au monde et en particulier sur mon
pays. Grand étonnement: je ne suis ni Anglais, ni
Français, ni Allemand, ni Autrichien, ni Italien. « Quel
est donc ton roi? » — « Je n'en ai point! » —
« Alors tu as une reine comme les Anglais? » ...

« Non, pas davantage! » Ses yeux brillent, il a compris : « Tu es Américain! » — Non, brave homme,
pas tout à fait, mais ton erreur même dénote chez
toi quelques notions assez justes. Et quant à nous,
Suisses, mes chers concitoyens, nous voyons que
nous ne devons pas nous attendre à ce que notre
petite patrie soit très connue au delà des mers.

Peu à peu les conversations s'apaisent, le bruit
diminue. Soudain retentit dans l'obscurité, à l'extérieur de la tente, un appel lent et solennel : tous les
bédouins se lèvent et répondent à cette invitation.
Et c'est un spectacle impressionnant, saisissant dans
sa simplicité, que celui de cette troupe d'hommes,
dans leurs grands manteaux flottants, groupés en
rangs réguliers derrière celui des leurs qui dirige
leurs invocations, et faisant monter vers le ciel
étoilé le récitatif monotone et guttural de leurs prières.

Puis, c'est le repos. Chacun s'étend et se prépare
à dormir. Nous avons reçu de la main hospitalière
du vieux cheikh des couvertures et des tapis, et
couchés sur le sol gazonné de la plaine du Jourdain,

tandis que l'air circule librement sous l'étoffe flottante,
nous dormons d'un sommeil exquis, interrompu quel-
quefois par la clameur retentissante d'un baudet
malavisé qui s'approche de la tente et qui est aussitôt
repoussé avec perte. Les chiens aussi, par intervalles,
font retentir leurs aboiements, mais enfin tout se
calme, tout se tait, c'est le grand silence du désert
qui plane sur le campement endormi.

Vendredi et samedi, 16 et 17 mars.

A cinq heures trois quarts nous sommes en selle.
Renvoyant notre déjeuner à plus tard et prenant
congé du vieux chef, nous partons dans la direction
du Jourdain. Afnân, qui nous a accompagnés jusqu'ici,
nous suivra encore jusqu'à Jéricho. En revanche nous
congédions notre Tcherkesse après l'avoir payé.
Mais à peine sommes-nous en route qu'il nous rejoint

sur son petit cheval à l'allure fringante, et c'est pour
nous assaillir de prières et d'obsessions, tantôt affir-
mant avoir perdu l'argent que nous lui avons remis,
tantôt accusant notre drogman de le lui avoir repris,
entremêlant ses mensonges de serments pompeux et
blasphématoires, le tout uniquement pour nous extor-
quer quelque bakhchish supplémentaire. Et cela dure,
dure, dure presque jusqu'au Jourdain. Enfin, las de
cette persécution, nous lui remettons une petite pièce
de monnaie : aussitôt sa figure se rassérène, il rede-
vient tout à fait aimable, cherche à fraterniser avec
notre drogman que tout à l'heure il vilipendait, finit
par lui mendier quelques cigarettes, et piquant des
deux il nous quitte, sans nous laisser de regrets.

Nous touchons presque à la rivière. Au moment
d'arriver au pont, nous voyons deux figures suspectes
qui disparaissent dans les fourrés du rivage. Un
homme à pied, de la tribu des Adwân, chemine du
reste avec nous à partir du campement. Je me suis
d'abord demandé si c'est une escorte d'honneur que
nous a octroyée Ali Diâb. Mais non ! c'est nous qui
sommes l'escorte, car le brave homme, ayant à aller

à Jéricho, a jugé sage de se mettre sous notre protection. Les abords du Jourdain, avec leurs épais taillis, jouissent d'une mauvaise réputation qui n'est point usurpée.

Nous traversons le pont, et aussitôt arrivés sur la rive occidentale, nous nous accordons avec délices la joie d'un bain dans la rivière, tandis que Karam apprête un déjeuner qui nous paraîtra doublement bon au sortir de l'eau froide. Comme nous nous préparons à repartir, voici des pas de chevaux qui retentissent sur le plancher du pont. C'est Saoûd, le fils d'Ali Diâb, qui arrive, armé, escortant des mulets chargés de sacs de grains que son père envoie à Jéricho sous sa garde. Nous chevauchons ensemble à travers la plaine, parfaitement sèche aujourd'hui, bien différente de ce qu'elle était la semaine dernière. Aussi, quoique avec des chevaux fatigués, nous arrivons en moins d'une heure et demie à l'hôtel du Jourdain.

Ici je rentre dans le connu et vais prendre congé de mes lecteurs. Que leur dirais-je en effet encore? Que le reste de cette chaude journée fut passé à Jé-

richo en dolce farniente, en paisibles flâneries, tandis
que M. Cooke, qui n'avait point encore visité la mer
Morte, s'y rendait intrépidement dans l'après-midi
par une température sénégalienne. Et puis, le lendemain, tandis que mon compagnon de voyage, avec
des amis retrouvés à Jéricho, se préparait à regagner
Jérusalem sans se hâter, moi-même, pressé de rejoindre les miens après huit jours de séparation, je partais
à 6 heures avec Karam, et dès 10 heures et demie, je
frappais à la porte de notre maison à Jérusalem. Le
même jour, à 1 h. après-midi, j'étais au Saint-Sépul-
cre, assistant à l'entrée solennelle des patriarches,
latin, grec, arménien, revêtus de leurs costumes de
fête et entourés de leurs hauts dignitaires: il me
semblait déjà alors que mon excursion chez les
Tcherkesses et chez les bédouins n'était qu'un rêve
rapidement envolé.

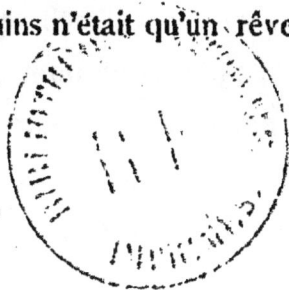

POST-SCRIPTUM

31 janvier 1896.

Ali Diab est mort dans le courant de l'été 1895. Telle est la nouvelle que nous apporte, au moment où s'achève l'impression de ces pages, le numéro de janvier 1896 du *Quarterly Statement du Palestine Exploration Fund*, dans un article de M. Gray Hill, intitulé « A Journey East of the Jordan and the Dead Sea » (p. 25).

La *Zeitschrift des Deutschen Palœstina-Vereins* vient de faire paraître (XVIII, p. 113-125, 126-140) les deux articles (accompagnés d'illustrations et de fac-similés d'inscriptions) de M. Schumacher sur Madéba et sur Djérach, que nous avons mentionnés (p. 7, 75, 109) et dont nous regrettions le retard. Un article de M. Buresch, dans la même Revue (p. 141-148), élucide les inscriptions de Djérach recueillies et éditées par M. Schumacher.

IMPRIMERIE REY & MALAVALLON

PRÉCÉDEMMENT
AUBERT-SCHUCHARDT

GENÈVE, PÉLISSERIE, 18

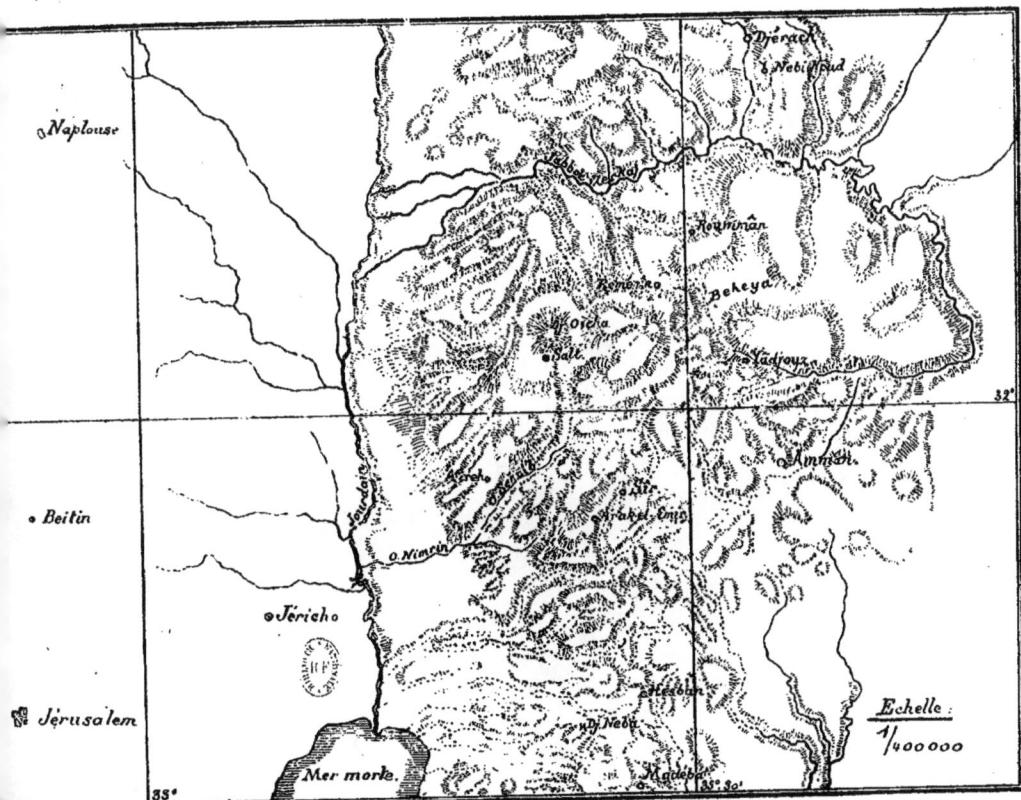

Naplouse

Dj'erach
Nebi Houd

Djebel Osha

Reymoun

Sened eo
Bekeya

H. Oïcha
Salt

Nadjoug

32°

Beitin

Sereo
Sir
Arak el Emir

Amman

O. Nimrin

Jéricho

Mesloub

Jérusalem

Dj. Nebo

Echelle :
1/400000

Mer morte.
Madeba

35°
35° 30'

Roulin. del.

www.ingramcontent.com/pod-product-compliance
Lightning Source LLC
Chambersburg PA
CBHW062006200326
41519CB00017B/4696